2015年　2015（总第10册）

主管单位：中华人民共和国住房和城乡建设部
　　　　　中华人民共和国教育部
主办单位：全国高等学校建筑学学科专业指导委员会
　　　　　全国高等学校建筑学专业教育评估委员会
　　　　　中国建筑学会
　　　　　中国建筑工业出版社
协办单位：清华大学建筑学院　　　　同济大学建筑与城规学院
　　　　　东南大学建筑学院　　　　天津大学建筑学院
　　　　　重庆大学建筑与城规学院　哈尔滨工业大学建筑学院
　　　　　西安建筑科技大学建筑学院　华南理工大学建筑学院

顾　　问：（以姓氏笔画为序）
　　　　　齐　康　关肇邺　李道增　吴良镛　何镜堂　张祖刚　张锦秋
　　　　　郑时龄　钟训正　彭一刚　鲍家声　戴复东
社　长：沈元勤
主　编：仲德崑
执行主编：李　东
主编助理：屠苏南

编辑部
主　任：李　东
编　辑：陈海娇
特邀编辑：（以姓氏笔画为序）
　　　　　王　蔚　王方戟　邓智勇　史永高　冯　江　冯　路　李旭佳
　　　　　张　斌　顾红男　郭红雨　黄　瓴　黄　勇　萧红颜　谭刚毅
　　　　　魏泽松　魏皓严
装帧设计：编辑部
平面设计：边　琨
营销编辑：柳　涛
版式制作：北京嘉泰利德公司制版

编委会主任：仲德崑　秦佑国　周　畅　沈元勤
编委会委员：（以姓氏笔画为序）
　　　　　丁沃沃　马清运　王　竹　王伯伟　王建国　王洪礼　毛　刚
　　　　　孔宇航　吕　舟　吕品晶　朱　玲　朱小地　朱文一　仲德崑
　　　　　刘　甦　刘　塨　刘克成　关瑞明　汤羽扬　孙一民　孙　澄
　　　　　李子萍　李兴钢　李志民　李岳岩　李保峰　李晓峰　李　匡
　　　　　吴长福　吴庆洲　吴志强　吴英凡　沈　迪　沈中伟　张　颀
　　　　　张玉坤　张成龙　张兴国　张　利　张　彤　张伶伶　张珊珊
　　　　　陆　伟　陈　薇　陈伯超　陈梦驹　邵韦平　周　畅　周若祁
　　　　　单　军　孟建民　赵　辰　赵万民　赵红红　饶小军　秦佑国
　　　　　莫天伟　桂学文　夏铸九　顾大庆　徐　雷　徐行川　徐洪澎
　　　　　凌世德　唐玉恩　黄　耘　黄　薇　曹亮功　龚　恺　常　青
　　　　　常志刚　崔　愷　梁　雪　梁应添　韩冬青　覃　力　曾　坚
　　　　　潘国泰　魏宏杨　魏春雨
海外编委：张永和　赖德霖（美）　黄绯斐（德）　王才强（新）　何晓昕（英）

编　　辑：《中国建筑教育》编辑部
地　　址：北京海淀区三里河路9号　中国建筑工业出版社　邮编：100037
电　　话：010-58933415　010-58933813　010-58933828
传　　真：010-68319339
投稿邮箱：2822667140@qq.com
出　　版：中国建筑工业出版社
发　　行：中国建筑工业出版社
法律顾问：唐　玮

CHINA ARCHITECTURAL EDUCATION

Consultants:
Qi Kang　Guan Zhaoye　Li Daozeng　Wu Liangyong　He Jingtang
Zhang Zugang　Zhang Jinqiu　Zheng Shiling　Zhong Xunzheng
Peng Yigang　Bao Jiasheng　Dai Fudong
President:　　　　　　　　　Director:
Shen Yuanqin　　　　　　　Zhong Dekun　Qin Youguo　Zhou Chang　Shen Yuanqin
Editor-in-Chief:　　　　　　Editoral Staff:
Zhong Dekun　　　　　　　Chen Haijiao
Deputy Editor-in-Chief:　　　Sponsor:
Li Dong　　　　　　　　　China Architecture & Building Press

图书在版编目（CIP）数据

中国建筑教育.2015.总第10册/《中国建筑教育》编辑部编著.—北京:中国建筑工业出版社,2015.6
ISBN 978-7-112-18299-2

Ⅰ.①中… Ⅱ.①中… Ⅲ.①建筑学-教育-研究-中国　Ⅳ.①TU-4

中国版本图书馆CIP数据核字(2015)第164406号

开本：880×1230毫米　1/16　印张：6¼
2015年6月第一版　2015年6月第一次印刷
定价：25.00元
ISBN 978-7-112-18299-2
(27551)

中国建筑工业出版社出版、发行（北京西郊……
各地新华书店、建筑书店经销
北京画中画印刷有限公司印刷

本社网址：http://www.cabp.com.cn　网上书店：http://www.china-building.com.cn
本社淘宝店：http://zgjzgycbs.tmall.com　博库书城：http://www.bookuu.com
请关注《中国建筑教育》新浪官方微博:@中国建筑教育_编辑部
请关注微信公众号：《中国建筑教育》

U0299700

CHINA
ARCHITEC-
TURAL
EDUCATION

目 录

EDITORIAL

EVENTS

EDITORIAL NOTES

主编寄语

《中国建筑教育》总第10册，在这盛夏酷暑之际和大家见面了。从本册刊登的文章中，我们仿佛看到了全国各大院校教学研究正如同这盛夏酷暑一般如火如荼地展开。

本册特设专栏主题是"建造中的材料与技术教学研究"。清华大学一年级体验式建造课程的实践，同济大学的建造实验，湖南大学的数字微建造，北京交通大学把建造教学和学生文化节结合起来的做法，苏州大学在建造教学中强调手的作用的实践，清华大学把照明设计融入建造教学的创造等等，对于在设计教学中强调建造实践做了深入的思考和研究，对于全国其他院校的同仁具有一定的参考作用，为全国各大院校树立了一个好榜样。

本册的"建筑设计研究与教学"栏目，发表了西安建筑科技大学和武汉大学等院校的三篇教学论文。在"建筑构造与技术教学研究"栏目中，发表了哈尔滨工业大学和西安交通大学的两篇教学研究论文。

这些文章说明了全国建筑院校重视教师发表教学研究论文。我们希望把教学论文作为科研成果来对待，并计入评价业绩。因为教师们把自己的教学研究成果总结并发表，为全国各校的教师提供参考，势必能够推动全国建筑教学的发展和提升。

本册还在"建筑教育笔记"栏目中发表了天津大学、清华大学以及北京交通大学几位老师的教学笔记，记录了在建筑学教学和绿色建筑教学的内容和过程。

今年由《中国建筑教育》在建筑学专业指导委员会的领导下主办的"清润奖"大学生论文竞赛，已经启动；分本科生和研究生两个组，进行论文的评选和交流。这一活动的宗旨是提倡和推进建筑学生思考绿色建筑的理念、技术和未来等问题，提高学生的分析和思考水平。对于收到的参赛论文将分技术审查、网络评审和会议终审三个阶段进行评审，优胜者将获得适当奖励，部分获奖的优秀论文也将在《中国建筑教育》专栏发表，欢迎各大院校积极参与，大力支持。

感谢全国建筑院校和广大教师对于《中国建筑教育》的支持和呵护，祝愿《中国建筑教育》越办越好！

仲德崑

2015 年 7 月 15 日

建筑学本科一年级体验式建造课程的教学方法优化

——以2014年清华大学建筑学院本科一年级建造教学为例

宋晔皓　丁建华　朱宁　姜涌　张弘

Optimization of Teaching Method on Experiencing Construction Studio for the 1st Grade Undergraduate Students

■摘要：文章结合 2014 年清华大学建筑学院建 32 班夏季建造小学期的课程教学实践，基于低年级建造教学任务和教学对象的基本特征，针对近两周建造教学实践过程中发现的建造分组、建造协作、建造交流、建造总控以及建造安装等环节的教学问题总结，提出建筑学本科一年级体式建造课程教学的优化方法，完善既有建造教学方法体系。

■关键词：建筑学　本科一年级　建造课程　教学方法　优化

Abstract：Introducing the teaching process for the undergraduate students，J32，School of Architecture，Tsinghua University in the summer short semester，based on the main task of the construction studio and core feature of the first year student，this paper aims to the problem during the process in the two weeks—task division，team work，experience share，building management and site construction，tries to optimize the teaching method on experiencing construction studio for the 1st grade undergraduate students，and improves the existing education framework of the construction studio。

Key words：Architecture；1st Grade Undergraduate Student；Construction Studio；Teaching Method；Optimization

　　清华大学建筑学院自 2004 年在三年级开设建造课程以来，至今已有 10 余年的教学实践经历与经验。2014 年夏季学期伊始，学院在建筑学本科一年级暑期开展为期 10 天的体验式建造课程实践，具体内容如下：

　　建造区域：建筑学院新老系馆过渡地带的老馆外墙。

　　建造周期：2014.09.09 ～ 2014.09.19。

　　建造比例：1：1 实物建造（注：建造成果永久保留）。

　　建造人员：建 32 班。

1.建筑学本科一年级建造教学目标及教学对象的基本特征分析

(1) 教学对象

课程教学对象：完成一年级本科课程学习的建筑学专业学生。该阶段学生专业背景主要以专业概述、技术基础以及"体验式"方案设计为主，具体课程科目设置情况详见表1所示。因此，从专业课程设置角度，参与此次建造实践的教学对象对建造中涉及的建筑材料类别、材料性能、结构体系、节点构造、施工工艺等内容均为首次系统体验。

清华大学建筑学院建筑学本科专业一年级专业课程列表　　　　　　　　　　　表1

学期	专业课程名称
秋季学期	素描（1）、计算机文化基础、建筑设计（2个）、画法几何与阴影透视、可持续发展与环境保护概论
春季学期	素描（2）、建筑技术概论、建筑设计（2个）、渲染实习和素描实习

(2) 教学目标

建筑学本科一年级建造实践课程教学主要目标为：了解建筑全寿命周期实施内容，感知建筑设计的"物化"技术内容，体验与培养低年级学生的专业兴趣与团队协作等（表2）。

建筑本科一年级建造课程教学目标　　　　　　　　　　　表2

学期	专业课程名称
建造目标	■ 了解和体验建筑物策划、设计、建造、使用、拆除的全过程 ■ 培养源于功能和材料的设计原创能力和艺术表现力以及设计实现的执行力，学习设计表现和图纸表达的基本方法 ■ 体验和了解建筑材料及其连接节点的实际性能、尺寸、造价、加工、装配工艺，体验真实的建造过程和建造的乐趣 ■ 培养建筑师的团队协作能力、社会活动能力和组织领导力，练习项目的工作分解、统筹计划、实施控制、质量保证的方法

(3) 教学内容与成果要求

建筑学本科一年级建造课程教学主要内容包括：任务理解与前期准备、方案设计、深化设计、现场建造和成果总结等，主要分为如下5个步骤（表3）。

清华大学建造设计教学内容与成果要求　　　　　　　　　　　表3

序号	阶段名称	设计内容	成果要求
1	观察调研	根据选定的设计主题对生活现实进行观察—发现—解决方案的思考研究；同时在已有的构造知识、加工知识的基础上，对材料、加工、连接的手段及其造价进行调研	每组学生至少调研一个建材市场、一个周边的现有建造物或搭建物
2	类比思考	通过对非建筑的生物、工业手段的借鉴和模仿，自然界和工业界功能形态的类比和拟态，包括对已有建筑实例中的材料和节点的解析，以期实现对现有建筑学程式的突破	每名学生完成一个建筑和一个机械（非建筑）节点的分析和模型制作
3	提案设计	在上述基础上，根据材料、节点、功能、拟态等设计出发点，开始围绕相关功能要求展开自由联想，通过材料的试验试作和小尺度模型的推敲来推进解决方案的提出和完善	小尺度模型制作与探讨
4	材料节点	根据确定的解决方向对材料及其节点（加工制造，连接装配）进行选择，并制作1：1原尺度的节点以进行研究和改进；注意此处的节点必须是原材料和原节点，加工装配后进行试验和改进	1：1尺度的材料和节点制作与研究
5	制造建造	材料和节点经过试验验证后，大量采购材料和配件，进行加工、装配和建造	建造成果的完成与展示

(4) 建造分组

结合建造教学内容与目标，建造以班级为单位（一个项目组）进行任务拆解与组织机构搭建，主要包括策划、设计、加工、建造和维护5个组（表4）。

<table>
<tr><th colspan="3">清华大学建造课程分组及任务内容　　　　　　　　　　　　表4</th></tr>
<tr><th>序号</th><th>组类</th><th>任务内容</th></tr>
<tr><td>A</td><td>策划组</td><td>负责制定整个计划和分工，筹集建造款项（注：本次建造为定额拨款），记录设计建造的全过程，联络媒体进行宣传，邀请社会评委并组织评图会，最终成果收集、制作、展示、宣传</td></tr>
<tr><td>B</td><td>设计组</td><td>负责项目的设计、制图、材料估算、节点设计，并结合材料的加工和建造装配不断深化、调整设计细节，保证建造的实施；设计说明与展示海报设计，建造过程的监督与验收</td></tr>
<tr><td>C</td><td>加工组</td><td>调研可能使用的材料的特性、尺寸、价格、加工方法、精度控制等，按照设计要求计算材料清单和成本，购买材料及配件，学习建材特性及加工方法，试验材料和节点的性能；使用模型室大型设备加工建材和构件，并根据建造施工的要求进行调整，完成成本费用的报销</td></tr>
<tr><td>D</td><td>建造组</td><td>场地既有设施拆除整平，完成建筑物的基础和固定工作；按照设计图纸和要求，与设计组、加工组配合互动，完成实际建筑物的安装、固定；根据需要搭建临时施工场所，保证实施</td></tr>
<tr><td>E</td><td>维护组</td><td>建造活动的后勤工作，建造场地的安全与秩序的维持，建筑物的使用体验与维护清洁，活动结束后的拆除与清扫，以及其他未分类的工作</td></tr>
</table>

2. 基于2014年建造教学课程实践的问题发现与解决方法

（1）问题1：建造课程中的教学对象"实操"体验差异较大

现象：5个建造分组在建造全过程中的体验差异较大。课程以建造项目推进内容为分组依据，形成相应的项目建造策划、设计、加工、建造和维护等5个分组，但实际建造过程中，组与组之间的建造实际动手操作差异较大。5个组中，仅有策划组与设计组（方案角逐胜出）学生能够相对完整地了解或体验整个建造过程，而其他3个组均属建造过程中阶段性内容操作，导致教学对象仅仅了解建造的某个环节内容。同时，已存在建造过程根本没有实操参与等现象，如负责宣传制作同学，整个建造小学期内全部在进行多媒体软件学习和成果后期制作。

解决办法：①指导教师在建造分组阶段，进行建造分组可能导致的体验差异的先期讲解与提示，并结合建造操作逻辑顺序，让后续分组人员前置参与，即各组既有明确的任务分工，又有相对灵活的过程参与和体验；②建造过程中，指导教师适时组织本阶段主要参与人员对建造过程进行体验与问题总结，实现全团队各个建造阶段的建造体验共享；③信息共享平台建立，结合微信群、QQ群等现代媒体手段，搭建学生与学生、学生与教师之间的交流平台，使得指导教师参与到建造过程，给予建造过程及时解惑与指导等。

（2）问题2：建造课程中"组"与"组"协作性与系统性存在问题

现象：建造以班级为单位，学生根据自己的兴趣、特长等进行项目分组，完成诸如策划、设计、加工、建造和维护等5个组搭建，每组设1名组长，负责本组的计划与实施内容制定，组员5～6名，负责组内内容落实；组与组之间严格按照操作流程或任务切割来完成，导致前组工作忙碌，后组无事可做的现象；同时，建造过程中产生的问题无法及时有效地传达对接，组与组之间工作交接处存在明显的交接断面，导致前后两张"皮"，严重影响建造教学的顺利推进，如常能听见同学表述"我们组已做调整了，你们怎么还不知道"、"这可怎么办"之类的问题出现。此外，建造过程中缺少类似实际建筑项目中项目负责人的角色来统帅建造过程。

解决办法：增设建造项目总负责人角色，针对性地解决学生的项目系统认知力，加强骨干学生的系统思维训练和责任意识。建议在建造"方案角逐"阶段结束后，指导教师召集全员总结实施方案，并增设项目建造总负责人角色，此角色可由建造"方案角逐"获胜方的组内成员推荐产生。项目总负责人负责建造目标落地、各组分工内容衔接、组与组之间的沟通联系与问题纠错，保证建造项目在建造过程中的无缝对接。此外，问题1中的②和③方法同样适用于该问题的延伸解决。

（3）问题3：建造构造设计与建造材料认知训练稍显薄弱

现象：建造方案采用三棱柱旋转定位控制方案，建筑主材过多来源于现场采购，削弱了学生对材料认知及加工过程体验。如铝制三棱柱为工厂成型制品，"墙"体支撑框架体系由切割和焊接工人现场组装完成，仅立柱旋转定位系统、立柱展示方案贴纸以及转角安全防护等内容由学生手工加工完成。此外，鲜见同学之间以节点构造图纸进行沟通交流，且节点构造设计落地性较差。

解决办法：教学中区别对待建造实践中的原始加工与代加工体验。指导教师增设建造小样试制环节。建造实施方案确定后，对方案的关键结构体系、部件进行人工小样试制体验，完成相应的关键节点构造图纸绘制与模拟安装体验，强化学生对材料属性、材料加工、材料搭接、图纸绘制、施工安装等内容的认知与体验。同样，问题1中的②和③方法同样适用于该问题的延伸解决。

（4）问题4：对单项材料成本无概念，建造总成本控制不足

现象：建造实践为1：1实体建造，每个建造团队设建安成本上限（2万元），而本案最终建安成本近4万元（注：同学们最终通过设计单位冠名赞助方式弥补了建安差额），导致建造实践造价严重超限。另外，建造过程中，对单项建造材料采购的单价无概念，材料预期采购价格与市场实际销售价格差异较大。如在三棱柱外立面展示方案的表面贴纸采购环节，贴纸打印、裱糊以及施工指导的采购价格在指导前后存在近2000元的价格差。

解决办法：①增设建造材料清单成果要求。在实施方案确定后，指导教师增设实施方案材料清单给定环节（注：指导教师再次提供标准的材料清单样张），使得整个项目组在建造初期详尽了解建造方案的材料类型，亦便于各组共同参与建造建安总成本控制。②再以单项材料为基准，指导学生进行材料单价的二次市场调研，以及加工工艺调研，了解材料定额和价格比对，确定最终单项材料的采购价格，促使学生深入了解建造过程中的项目概算、估算和结算等价格环节差异。同样，问题1中的②和③方法同样适用于该问题的延伸解决。

3.建筑学本科一年级体验式建造课程的教学方法优化

基于2014建造小学期的教学实践，结合教学过程中的问题总结，提出既有一年级体验式建造教学方法的几点优化思考。

（1）任务式教学转向融入互动式教学

改变传统建筑学教学中的"我讲你听，我布置你完成"教学方式，将指导教师的教学目标与学生的体验感知进行融入与互动，即：指导教师以教学对象的身份解读教学任务与教学目标，了解建造过程和关键建造难点；同时，又以建造实践者的身份参与建造实践课程教学过程，及时发现问题、总结问题以及解惑问题（图1）。教学过程的跟进体验使得建造教学的客观问题不断呈现，亦可以客观修订教学主体——教师——的主观教学方法的完善与优化，更有助于教学体系的科学化、客观化以及不同选题的主观教学的多维度融入。

（2）体验式建造的精细化教学过程管理介入

建筑学本科一年级的体验式建造课程教学，其本质在于让学生了解和体验建筑物策划、设计、建造、使用、拆除的全过程，体验和了解建筑材料及其连接节点的实际性能、尺寸、造价、加工、装配工艺，体验真实的建造过程和建造的乐趣，培养建筑师的团队协作能力、社会活动能力和组织领导力，练习项目的工作分解、统筹计划、实施控制、质量保证的方法。同时，培养源于功能和材料的设计原创能力和艺术表现力以及设计实现的执行力，学习设计表现和图纸表达的基本方法。因此，在建造项目实施过程中，指导教师亦如实操建筑项目中的"项目经理"角色，将建造的全过程阶段教学内容无缝衔接，并进行过程中精细化教学管理。如结合既有5个分组工作内容，进行建造目标的分阶段任务与考核成果拆解，并通过组与组之间的互通，实现学生建造体验的相对均质化（图2）。

（3）在传统教学沟通形式基础上的现代交流平台融入

沟通是教与学的本质媒介，也是解决指导教师与学生之间问题的本源。在传统的课堂式、现场式沟通模式下，结合当下的沟通交流手段，搭建指导教师与学生之间、组与组之间、同学与同学之间的无障碍信息通路，在过程中消解问题（图3）。

图1 建造课程教学中指导教师与学生之间的关系简图

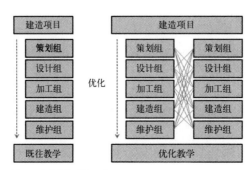

图2 建造分组过程互动

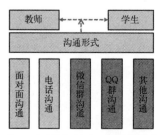

图3 建造教学过程中现代沟通形式介入

结语

　　建筑设计教学与建筑技术教学是建筑学教育的重要内容与立足点。建造教学是建筑技术教学体系的重要组成部分，它是建筑学的物质基础和表达手段，也是学习建筑的基础和起点。以材料与质感、构法与工艺、节点与细部为切入点的建造观念是建筑教学新的立足点，促发学生从建筑的本体进行思考与创作。而在具体的建造教学中，授课者应根据课程设置阶段以及教学对象特征等内容进行教学关联与匹配。

　　注：清华大学建 32 班 2014 年建造小学期课程实践指导教师为：宋晔皓、张昕、丁建华。文章中所涉及的教学任务、目标以及分组等信息来源于建造教学计划任务书，建造照片均由建 32 班同学拍摄，具体由邓乔乔同学整理提供。

参考文献：

[1] 姜涌，包杰.建造教学的比较研究 [J].世界建筑 .2009 (03)：132-137.
[2] 姜涌，柯瑞，宋晔皓，王丽娜.从设计到建造——清华大学建造设计教学探索 [J].新建筑 .2011 (04)：18-21.
[3] 钟冠球，宋刚."重构"经典——华南理工大学数字建造教学实践研究 [J].新建筑 .2011 (04)：42-45.
[4] 姚刚，董凌，丛勐，李海清.建造如何教学? ——东南大学"紧急建造"教学实验 [J].新建筑 .2011 (04)：38-41.
[5] 王朝霞，孙雁.设计结合实验——结合建造的建筑设计教学探索 [J].新建筑 .2010 (03)：118-121.

附录：清华大学建32班2014年建造小学期课程实践成果

场地勘察

方案角逐

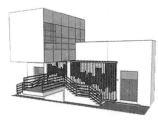  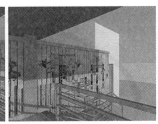 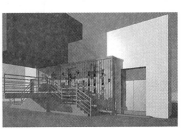

方案定稿

讨论分享

材料认知

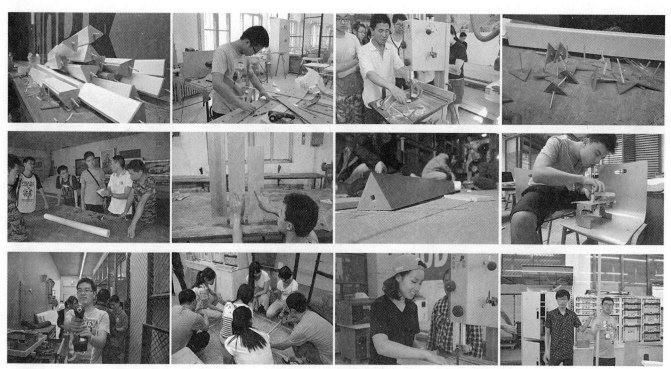

构件加工

建造实施

成果展示

造势宣传

作者：宋晔皓，清华大学建筑学院　教授；丁建华，清华大学建筑学院　博士后；朱宁，清华大学建筑学院　博士后；姜涌，清华大学建筑学院　副教授；张弘，清华大学建筑学院　副教授

清华大学的建造实习

——授课、设计、实践三位一体的建筑构造教学模式

姜涌　朱宁　宋晔皓　张弘　张昕　王青春　黄蔚欣

Design/Build Practice of Architectural Teaching in Tsinghua University

■摘要：清华大学建筑学院的建造实习课程是在其授课、设计、实践三位一体的建筑构造教学模式下的一次尝试。在一年级分班体验建筑全生命周期的策划—设计—建造—运维的过程，为大学本科低年级的建筑技术教学方式提供了一个参考样本。

■关键词：建造　建筑构造　教学　实习

Abstract：Design/Build Practice is a new course from 3 years ago, in the School of Architecture, Tsinghua University. It is a kind of experimental teaching method in the model of teaching/Design/Practice of Tsinghua University. First year students have a chance to experience the whole process of construction practice, including planning, architectural design, construction, maintenance, in about 2 weeks in the summer semester.

Key words：Design/Build；Architectural Construction；Teaching；Practice

　　清华大学建筑学院的本科基础教学平台中，自 2012 年开始在暑期中设置了为期两周的建造实习课程，尝试在低年级的教学中引入建筑材料、构造技术、建造工艺等概念和实际操作，促进学生的实践学习和成长。为大学低年级的建筑技术教学方式提供了一个参考样本，总结其探索过程以供大家抛砖引玉。

1. 目的和意义

　　从奠定现代建筑学教育基础的包豪斯学校开始，就把工匠性的实践训练（workshop）作为绘图训练（atelier ／ studio）之外的重要设计训练手段，在学生中开展现代建筑工艺学的学习和实践，力求在艺术和技术的平衡中培养出富有创造力、符合大工业生产规律的现代工业设计师。1940 年代清华大学建筑系在创立之初，梁思成先生就据此提出了"营建"的建筑学教育思想。1990 年代清华建筑学院率先进行并在全国推广的建筑师职业教育，实际也是这种工业化生产基础上的职业化建筑教育方法的延续和发展。

在我国传统的建筑学教学中，美术、绘图类设计课程的比重较重，学生们也迫切希望了解建筑材料和建造工艺的相关知识和技巧，因此清华大学建筑学院从 2004 年开始开设的设计选修课"建造设计"，受到学生们的普遍欢迎，报名人数超过 30 人。由于加工设备和空间的限制，每年平均有超过 20 名学生（约全年级的 1/4 学生）参加了这一选修课程，并在国内外的多个教学研讨会上进行交流和展览，受到普遍好评。为了更好地推动本科学生在设计学习之初就对建筑材料的基本认识和设计技巧的训练，配合建筑学院在全国率先开设的"建筑技术概论"的理论授课，在本科大一年级的暑假中设置了两周的建造实习课程，其主要目的在于：

1）了解和体验建筑物策划、设计、建造、使用、拆除的全过程；

2）培养源于功能和材料的设计原创能力和艺术表现力以及设计实现的执行力，学习设计表现和图纸表达的基本方法；

3）体验和了解建筑材料及其连接节点的实际性能、尺寸、造价、加工、装配工艺，体验真实的建造过程和建造的乐趣；

4）培养建筑师的团队协作能力、社会活动能力和组织领导力，练习项目的工作分解、统筹计划、实施控制、质量保证的方法。

2. 课程设置

为了让建筑技术和工艺的概念深入浸透到建筑学习的过程中，防止"先艺术、后技术"的分裂思维，这样的课程设置的年级越低越好；但是另一方面，考虑到一年级学生对建筑设计的方法和过程尚缺乏明确的概念和学习途径，因此构成设计、空间认知乃至小空间的设计都是建筑学设计方法培养的必需环节，建造设计涉及学生们从未接触过的材料和构造，需要学生具有一定的设计基础。因此，将课程设置在暑期，以班级为单位，便于学生集中完成设计、建造的全过程；另一方面，也增强了教师的配置——增加了班主任作为组织和安全指导

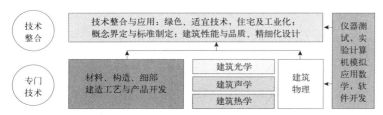

图1 清华大学建筑学院建筑与技术教学板块

		大1	大2	大3	大4	研1	研2	学时
建筑技术概论与绿色建筑	建筑技术概论	■						32
	科学、艺术与建筑（研究生课程）					■		32
	生态建筑学概论		■					16
建筑物理环境课程	建筑物理环境（研究生课程）					■		45
	建筑热环境			■				16
	建筑光环境			■				16
	建筑声环境			■				16
建筑环境模拟	建筑数学			■				48
	CAAD方法			■				32
	建筑环境模拟辅助设计（研究生课程）					■		32
	计算机实习				■			32
建筑构造与工艺技术课程	建筑构造（1）			■				32
	建筑构造（2）				■			16
	三年级建筑设计6：建造设计studio			■				48
	建筑细部				■			16
	建造实习	▨						16
	工地劳动与调研实习				■			40
建筑法规与实践课程	建筑师业务基础知识					■		16
	建筑师业务实践						■	160

图2 清华大学建筑学院的建筑技术教学体系

教师，与专业指导教师、工匠师傅配合，保证教学的顺利进行。

在课题设计上，以突出学生生活主题且简单体量、多义功能为主，便于学生发挥。如校园活动亭，建筑系馆信息墙等，要求为校园活动提供室外的临时展示和休憩空间，提供至少4人的休息座位以及其他附加功能，由本组同学自行设计并建造，保证基本的结构自立和防风、防雨性能，可在校园中方便地摆放使用一周以上；主要材料为木材、竹子、轻钢、PVC发泡板或管、织物、纸箱板、纤维板（胶合板、密度板）等轻型、易加工的材料，保证安全和牢固，同时可以自行加工试验和自由探索；提倡使用环保材料和废旧材料的循环利用。同时，限定主要材料为木材、竹子、轻钢、PVC、纸箱等轻质材料，便于加工和安装，也便于实验和试错。为了提升学生的组织协调能力和社会活动能力，还要求学生自主获取厂商赞助经费或学院教学经费以完成建造，展示时可有适当的广告空间。

课程提交的成果要求以实物为主，辅以各种形式的多媒体说明手段：

1）1：1的实际建造物——适用、坚固、美观；在室外现场可实际使用2周。

2）建造日志——记录设计和建造全过程的文字、照片、图纸、模型、表格，反映建筑物的策划、设计、加工、建造和使用的过程，记录材料的清单和成本；通过照片、视频的形式，编辑一段10分钟的"宣传片"或"纪录片"视频，展现试错探索和学习的过程，可在最终评图的现场播放，并可在网络和其他媒体上进行展示交流。

3）建筑物海报——含建筑物的设计概念、建造过程、使用说明、建造者姓名等信息的A1海报，张贴在现场。

4）图册——含上述内容的各班作品及其设计、施工过程的图片及文字说明，并由学生设计活动标志、宣传语等，结册纪念并可供出版。

在成果的评价标准上，力求较为全面地反映实际建筑的需求——坚固、适用、美观。

1）功能性——席座、防雨等建筑基本功能的满足，安全牢固性。

2）艺术性——设计的独创性与实现性，最终效果的艺术冲击力。

3）技术性——加工的精致性，材料与节点的高性价比，可循环材料的使用和造价控制。

4）社会性——建造过程和使用体验的乐趣，活动的团队组织与公关宣传效果。

最大的问题毫无疑问是安全的保障：一方面是加工的安全，要求每班仅有6名，3个班共18名学生可以参加电动工具加工培训和安全教育，可以在工匠师傅指导下完成加工，其他学生只能参与设计和装配过程，以保障在有限的模型室的空间和设备条件下满足课程要求；另一方面是校园安全，主要涉及防火、防电、防盗、防倒塌、防使用损害等，均要求学生做好相应的预案并报请学校的校园管理保卫部门批准，也为每位学生购买了意外伤害保险。

3.教学过程

教学过程中，在低年级、短时间、高强度的特点下，着重做好人员和时间的组织分配工作。

（1）学生分组

根据学生特长和兴趣进行分组。每班分成5～6个组，每组约5～6名学生；推举组长，制定详细的工作计划。目前总结的较为合理的分组、分工模式如下：

1）策划组：负责校园内建造和摆放地段的申请，制定整个计划和分工，筹集建造款项，记录设计建造的全过程，联络媒体进行宣传，邀请社会评委和组织评图会，最终成果收集、制作、展示、宣传。可在其下分出专门的宣传组，即在策划组的总体安排下，专门负责记录工程中每组设计与施工的过程，包括照片、视频等形式；临近课程结束时，将视频编辑为一段10分钟的"宣传片"或"纪录片"，供展示中进行交流和媒体发布；同时负责将三个班作品汇编成活动的图册，并设计活动标志及标语等。

2）设计组：负责项目的设计、制图、材料估算、节点设计，并结合材料的加工和建造装配不断深化、调整设计细节，保证建造的实施；设计说明与展示海报设计；建造过程的监督与验收。

3）加工组：广泛调研可能使用的材料的特性、尺寸、价格、加工方法、精度控制等，按照设计要求计算材料清单和成本，购买材料及配件，学习建材特性及加工方法，试验材料和节点的性能；使用模型室大型设备加工建材和构件，并根据建造施工的要求进行调整；完成成本费用的报销。

4）建造组：平整场地，设计地基，完成建筑物的基础和固定工作；按照设计图纸和要求，与设计组、加工组配合互动，完成实际建筑物的安装、固定；根据需要搭建临时施工场所，保证实施。

5）维护组：建造活动的后勤工作，建造场地的安全与秩序的维持，建筑物的使用体验与维护清洁，活动结束后的拆除与清扫，以及其他未分类的工作。

（2）时间计划

由于两周的时间非常有限，因此实际准备工作从暑假前就已经开始并完成了学生的分组。主要的流程包括：

1）暑假前的讲课与预热，包括课程布置、学生分组策划、假期建材调研、设计酝酿、资助筹措等。

2）课程两周（共10天）的详细计划：设计方案评优—材料与节点—加工与安装—试用与评图。

Day01：第一次年级评图（设计）。提交班级评选的最优2～3个方案的1:10草模和设计草图，确定班级一个方案和优化方向；确定建造地段、主要建筑材料；评图后分组推进工作，调研可能使用的材料特性和连接方式。

Day02：第二次年级评图（施工）。提交1:5～1:2的整体模型和局部节点，确定主要材料和节点，明确加工与连接方式，确认结构坚固与安全性、防水耐久、功能使用等性能，以及时间和造价的可实施性；评图后购买材料，深化节点设计。

Day03～04：申请并确定建造场地并制定建造计划。调研建材性能与价格；完善设计方案并制作1:2的整体模型和主要节点的1:1模型(实体及虚拟模型)，绘制构筑物整体的平、立、剖面图及全部构件的CAD图纸；选用建筑材料并试验加工节点，检验材料和建筑物的性能，确定最终的材料和造价清单；购买建筑材料。

Day05～09：加工与安装。在模型室及建筑馆内院进行加工，在系馆停车场或建造现场组装；同时，围护施工现场，制作并张贴学校批文、警示标志、警戒线，保证防火、防雨、防倒塌、防漏电等安全措施的实施，随时清扫，维护场地秩序，保证周边正常的学习秩序。

Day10：使用与评图。邀请评委在现场评图；作品实际使用1～2周后由各组负责拆除和清扫；汇总实际使用的记录并提交最终成果。

（3）详细的分工计划（表1）

2周建造实习的详细分工计划一览　　表1

分组人数　时间	策划组	设计组	建造组	维护组	加工组	宣传组
	5人（建议单数，发生争论时，投票决定）	5人（建议单数，发生争论时，投票决定）	6人（建议双数，方便合作）	5人（建议不少于3人，不多于5人）	6人（建议双数，方便合作）	3人（建议不少于3人，不多于5人）
前期	在各班班主任和指导教师的安排下，开班会、分工、定组长，制定总体计划；评选班级方案；班长登记所有学生信息并购买人身意外伤害保险；借安全帽、消防器材					
Day 1	寻求赞助，筹集资金，谈判和冠名，广告；制定整体计划和分工实施方案	设计评图并深化班级方案（2～3个）	分组调研不同建材市场中各方案所需材料的多种可能性，了解相关材料的特性、尺寸、价格、加工、连接配件等		学习《安全须知》，学习加工技术并实际练习操作加工机械	海报设计；公关计划；对整个设计、建造过程进行记录、拍摄、录像
Day 2 上午		设计施工评图，确定材料和节点				
Day 2 下午		深化方案	场地勘察；购买材料；试加工材料和节点			
Day 3	分到各组，参与记录各组进度，之后每天如此，要求每天晚上碰面开会，协调进度，必要时各组组长也参与协调会	深化方案，完成全部节点设计，确定材料和连接方法		研究场地维护方案与拆卸方案；完成建造后维护、清扫，保证安全使用2周	调研建材市场	后期：根据现场情况准备评图展示方法；为提升效果准备必要的白板、图纸、投影仪、扬声器等道具
Day 4		设计节点；完成全套设计图纸	平整场地；购买材料		计算材料清单和成本；选用建筑材料并试验加工节点；确定加工场地及施工方案；根据现场情况调整加工尺寸	
Day 5～9		根据加工和建造情况完善、深化设计方案；通过三维模型和cad图纸保证各种材料的尺寸配合、调整加工误差；根据施工设计工序，加入照明等设计	完成建筑物的基础和固定工作；组装施工，保证防塌、防火、防雨、防漏电、防盗等安全措施的实施；后期：拆除、清扫，场地复原			
Day 10	在场地内完成建造，下午最终评图；后2周每日值班巡视维护，保证正常使用2周后拆除					

4.成果与展望

2012 年、2013 年，我们完成了校园亭的设计建造。

1）功能适用性——在清华大学校园内或建筑学院周边，设计一个可供至少 6 人同时使用的可遮蔽风雨的多功能展示装置，可具有休憩、校车候车、校园信息板、地图指路牌、纪念品售卖、自行车停靠、照明、广播广告灯箱等实用功能，也应具有校园内的景观小品和环境艺术雕塑的艺术功能；为校园及系馆的室外活动提供临时的工作、交流、休憩、展示空间，应保证基本结构的自立和稳固，并有一定的防风，防雨性能，可较为灵活地装卸，可在校园内室外安全使用 2 周以上，并完全由本组同学自行设计并建造。

图 3　2011 级一年级建造实习之建造过程与效果展示

2）建造工艺性——作品的尺寸范围为 2.4m×2.4m×2.4m 至 4m×4m×6m，内部空间净高不低于 2m，采用 1：1 的实际尺寸和材料，提供至少 6 人同时使用的遮蔽风雨的空间；保证建筑基本的坚固、耐用、安全和防雨等基本要求，满足设计的使用功能要求，可在室外安全地展示和正常使用一段时间；主要材料为木材、竹子、轻钢、PVC 发泡板或管、织物、纸箱板、纤维板（胶合板、密度板）等轻型、易加工的材料，保证安全和牢固，同时可以自行加工试验和自由探索。提倡使用环保材料和废旧材料的循环利用。

3）自主实践性——与班级的社会实践活动相结合，以班级为单位分工协作共同完成一个作品；根据学生特长和意愿分组，充分利用各种社会资源，自主完成策划、筹资、设计、建造、使用的全过程，体验建设方、设计方、施工方、专业厂商、管理方等各专业角色，向学校和社会展示建筑学的魅力和价值；利用网络、媒体等资源进行宣传和展示。

清华大学的建造实习课程总体上成功地将材料、连接、细部等技术问题与功能适用、美观等设计内容结合起来，让本科一级的学生真实地体验了一回建筑生产的全过程，对他们未来的建筑学学习无疑会产生深远的影响。我们总结几年的过程，明显感到的最大问题还是课程的时间不足：短短两周内的设计建造，学生无法充分探讨设计、建材、构造的多种可能性。未来我们将尝试将一年级的设计课程与之结合，建造实习教学更多集中在建造工艺实现上，以更强化其学习的效果。

参考文献：

[1] 黄蔚欣，姜涌，马逸东，郭金．数字化建造中的结构平衡态 [J]. 南方建筑．2014 (04)．

[2] 姜涌，柯瑞，宋晔皓，王丽娜．从设计到建造——清华大学建造设计教学探索 [J]. 新建筑．2011(04)．

[3] 姜涌，包杰．建造教学的比较研究 [J]. 世界建筑．2009(03)．

[4] 姜涌．职业与执业——职业建筑师之辨 [J]. 时代建筑．2007(02)．

[5] 姜涌．建筑构造：材料，构法，节点 [M]. 北京：中国建筑工业出版社，2011．

[6] 姜涌，包杰，王丽娜．建造设计——材料，连接，表现：清华大学的建造试验 [M]. 北京：中国建筑工业出版，2009．

作者：姜涌，清华大学建筑学院　副教授；朱宁，清华大学建筑学院　博士后；宋晔皓，清华大学建筑学院　教授；张弘，清华大学建筑学院　副教授；张昕，清华大学建筑学院　建筑美术研究所　副教授；王青春，清华大学建筑学院　讲师；黄蔚欣，清华大学建筑学院　副教授

从景观墙的建造实践中学习建筑

——清华大学建筑学院建造实习教学笔记

张弘　王青春　葛思航

Learning Architecture from the Construction of Landscape Wall

■摘要：本文以清华大学建筑学院建33班同学通过2014年暑期小学期的建造实习教学，独立设计并建造完成的景观墙项目为例，简要阐述建造实践教学理念方法与成果启示。

■关键词：实践教学　建造　构造　材料　细部

Abstract：In the summer of 2014，the students of class A33 in School of Architecture，Tsinghua University designed and constructed a landscape wall independently through the practical construction courses．Taking it as an example，this paper briefly introduced the teaching methods and results of practical courses．

Key words：Practical Courses；Construction；Structure；Material；Detail

　　"建筑学开始于两块砖的精细连接"，建筑理论家弗兰姆普敦在《建构文化研究》一书中的这个论断，形象阐述了建筑学与建造的密切关系。事实上，建筑设计与建筑教育永远都无法脱离建筑的实际建造与实践，而拘于形式空间与体量造型的创新。建筑学不是理论演绎出来的学科，它的血脉深植于数千年人类的建造活动，其"定理"来源于经验与技巧的积累。历史上许多伟大的建筑师都是工匠、雕刻家、手工学徒出身，即使在建筑行业高度分工的今天，建筑师仍然需要深入了解并掌握建筑材料、结构与构造节点，因为这些是建筑的语言，建筑师用以"遣词造句"的素材。从这个意义上讲，针对学生开展的建造实习，无疑是最直接、最贴近建筑学原旨的教学模式。

　　2014年9月初，在清华大学秋季学期开学前的两周，建筑学院建造实习教研团队组织建3年级三个班的同学，开展了暑期小学期建造实习课程的教学活动。本文以建33班同学独立设计并建造完成的景观墙项目为例，简要阐述建造实践教学理念方法与成果启示。

一、课程项目背景

　　与往年的建造实习课程内容不同，2014年的实习课程以真实项目为背景展开，由清华大学建筑学院作为甲方，以新老建筑系馆之间的三堵墙面的改造更新为题目，通过实习课程教学，指导以班级为单位的学生，设计并建造完成景观墙项目。其中，建33班32名同学的任务是新老系馆之间通道南段景观墙的设计与建造。新建成的建筑新馆与后院附属场地条件为这个项目带来了不小的难度。

该地段原本是一处内凹的墙角，凹陷的空隙被破陋的瓦楞板封了起来，里面珍藏着建筑学院20世纪90年代收购回来的建筑文物。学生们的设计任务是在不移动、不损害这批文物的前提下，改造更新并维护该建筑表皮——因为那个墙转角几乎是从老馆到新馆的必经之路。

从策划分组、方案的初步设计与比选，到寻找材料、做节点实验，直至施工与完成，这些大一年级的学生们在两周时间内合力完成了一个实际的工程项目。经过建造实习课程，"建筑"、"建造"之于他们不再只是书本上抽象的词语，图纸上虚拟的线条，而成为他们学习、生活环境中实实在在的组成部分，而更重要的是，他们正是这一切的实施者和创造者。在此期间经历的波折与辛酸、成功与喜悦给学生们留下了深刻印象，也让他们收获到了"建筑"另一个层面的深刻含义。

二、教学过程与成果

在实习课程开始之初，建33班32名同学对实习任务以及即将面临的挑战充满了期待，很快就在班长的组织下，根据自愿报名原则分成了策划、设计、宣传、采购、实施等多个工作小组，每人各司其职，迅速展开了工作。

首先进入状态的是设计组的同学，他们在明确了设计任务后，在一天时间内就拿出多个概念方案，然而通过班内设计比选，由指导教师确定其中三个发展方向参加年级综合评选。在这次评审中，教学组专门请来学院主管财务、基建的副书记程晓青老师以及办公室主任程晓喜老师作为甲方代表，还邀请了新系馆的主创建筑师李晓东老师作为评审嘉宾，从可实施性、经济性以及与新老系馆协调关系等方面，对学生的设计方案提出了意见和建议。

建33班在实际教学过程中，为了让所有同学更加全面地参与实习，最初的方案并不单单由设计组构思，而是在班上进行海选，最终在十多个方案中定下了一个，交由设计组深化与推进。考虑到需要在两周之内完成，只有一万元的经费以及设计需要足够谦逊等诸多原则要求，最终确定的方案的是一面由重复构件进行插接，类似于"编织物"的墙体。

随后的方案推进对于初识建筑的大一学生而言，无疑是一个漫长而痛苦的过程。他们所要面对的不再是studio中流线的组织、功能的排布这样"熟悉而亲切"的挑战，而是各种材料属性、气候条件以及地球重力等实实在在的制约因素。而更加困难的则是方案确定后的材料采购与构造实验。在此之前，学生们对材料几乎一无所知，能想到的质感无外乎SketchUp中的色块，更不清楚它在现实生活中对应的建材到底是什么，遑论各种建材的型号、属性与市场价。

图1　设计场地

图2　拆除原有瓦楞板后的设计场地

图3　初步设计方案评审

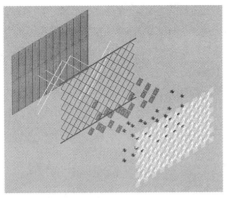

图4 最终方案的分层解析

图5 最终方案选择的主要材料与配件

　　而在建造实施过程中，结构设计与节点实验、材料比选、方案推进其实是三个同时进行、相互制约的步骤。经过"边改方案，边买材料，边实验，边加工"的反复尝试，在老师的建议下，最终确定了建造实施的最终方案以及材料节点。综合考虑美观、防水与耐腐蚀等性质，最后选择18mm纯白PVC板、30m×30m的铝合金型材，以及亚光波纹板作为主要材料。波纹板用作最里层的防雨材料，也作为背景；中间层是铝合金型材骨架，外部装饰的PVC板、镜子和带状灯等，通过固定垫片安装在铝合金型材的凹槽上。

　　考虑到加工的精度以及现场施工不能见明火等问题，老师建议学生选择铝型材作为结构材料，易于加工，也更加轻便，相比较钢结构容易拼装，也更能容许误差，而且配套的五金连接件也比较成熟完备。整体承重结构主要是由天地龙骨支撑起的铝型材网架。几条通长的斜向铝型材固定在天地龙骨上，是主要承重构件。在其间固定数十根转向斜向的短铝型材。进行精确的计算，确保搭接各处的角度能够吻合。每一小段铝型材都由学生们自己切割加工。不但将铝型材切割成合适的长度，而且还根据节点需要，将型材端头切成45°斜面，通过垫片与螺丝固定，形成精致的细部节点。

　　在前期深入的设计及节点实验前提下，最终的施工过程变得格外顺利，经过全班同学的共同努力，在4天时间内就完成了整体景观墙的施工工作。他们中许多人是第一次爬上脚手架，第一次操作电钻，第一次使用各种型号的扳手，"手工"、"合作"，这些关键词使学生们体会到建筑的真实感。这种扎扎实实的实践的教育为学生揭示了建筑的另一层面的真实性——关于劳动、材料与技术，同时引导学生开始关注建筑另一个维度上的美——细部、节点与结构，让学生意识到，建筑师所要关心的，绝对不只是设计好形体，画好表现图。

　　实习期间，尽管过程中学生们的设计方案被一遍遍被修改，甚至直至完工前仍有局部调整，但值得欣慰的是，他们最终完成的成果并没有偏离方案最初的构想。这也让学生理解

图6 铝合金型材连接节点

图7 PVC及镜面等构件与铝合金型材连接节点

图9 最终完成实习成果的日景效果

图8 学生自己动手施工过程

图10 最终完成实习成果的夜景效果

了建筑师在设计实施过程中，控制力与执行力的重要性。尘埃落定的那个晚上，每个学生都感到自内而外的兴奋与满足，用学生自己的话来说："仿佛十月怀胎终于等来了分娩，这是关于创造与生命力量的喜悦。"

学生们这样讲述自己的项目：

设计初始，我们希望打造新馆与老馆之间的弱建筑，以谦逊的姿态，达到和谐之境，体现人文关怀。设计的概念为"编织"。由垂直墙面的斜向构件一同将两个体系编织成网——兼有墙的厚度与景观的轻盈近人，模数化而匀质的空间适应最多的功能需求，承载无限可能。

铝型材结构完全裸露，工业感强烈，并可完全回收利用组成不同家具或结构框架，百分之百可持续，是以人为本、建院可持续发展理念的落实。铝型材前、中、后三重凹槽成为编织概念深化发展的物质载体。

柔软的绿色植物在虚的重力体系网格中生长，建筑以弱状态——原有环境的呼应与建筑语言中最弱的自然形——存在于建馆的后庭院中。人工与自然的交互编织，达到共生。

铝型材结构体系解放背景立面，镶嵌错落的镜子，方便建院师生对镜整装。北岛写一字诗《生活》："网。"建筑的实体中参以镜像，我们使得这个设计编织的不仅仅是材料，更有其映射的人的生活。虚实相生间，让时间光影与人间百态成为这编织的一部分。

剩余的孔洞透出波纹板，而当夜幕降临，温暖的光登台密斜织，退晕如画。

光与影，实与虚，旧与新，人工与自然，物质与幻象，在建馆原本落灰的角落，悄然盛放着"编织"的交响……

三、教学要点与启示

为期两周的建造实习教学取得了圆满成功和良好的教学效果，期间的一些教学启示值得总结和反思。

首先，应把握总体教学节奏。经历了一学年的建筑设计课学习，学生们已经适应并熟悉了8周studio模式的教学节奏。对于实习课程只有短短两周时间基本没有概念。另外，由于缺乏材料、构造、节点、施工等方面的专业知识，学生们往往会在概念方案设计阶段失去控制，对设计方案的可实施性以及经济性失去判断。在教学过程中，需要及时帮助学生做出正确抉择，尽快引导学生确定设计方案，将同学们的专业兴趣或者兴奋点从形式构成转移到建构研究上，将注意力和创造力集中到材料、构造研究等方面，并适时给予指导和帮助。

其次，应注重综合能力培养。建造实习对学生的素质要求已经超越了设计、画图等专业能力范畴，更多的是培养学生在实习过程中的综合解决问题能力、动手实践能力、社会接触能力以及组织协调能力等。根据学生对自身擅长能力的判断，他们分别加入不同的分工小组；通过项目锻炼，学生的各个方面综合能力都得到了显著提高。例如在宣传策划以及人际交往等方面，通过精心准备宣传材料，积极联系相关企业单位，募集实习建造所需赞助费用等，对学生在这些方面能力的提高起到了积极作用。

最后，应强调团队协作和组织。尽管在课程之初每位同学都被赋予了专门的角色分工，但在项目过程中应注重引导各组学生之间的团队协作，及时指导班长及团队组长做好工作计划和分工安排。为了顺利交接工作，在实习前期特地安排不同组的成员进行交叉流动，以及要求各组组长参与其他组的活动，尽量减少或消除精细分工带来的信息交换的成本。事实上，当各个团队齐心协力共同完成最终作品时，期间凝为一体的责任心与团结精神也是给同学们留下最深印象的感动。

四、结语

清华大学建筑学院的实践教学已经成为传统建筑教育模式的重要补充，从建造中学习建筑，让学生在学习建筑之初就建立起虚拟设计与现实建造的对应关系，为今后的建筑设计学习与实践打下良好的基础。同时，建造实习对学生在实践层面以及社会层面的能力培养，是本课程更具现实意义的内容。

作者：张弘，清华大学建筑学院 建筑与技术研究所 副所长、副教授；王青春，清华大学建筑学院 建筑美术研究所 讲师；葛思航，清华大学建筑学院 建33班本科生

建造实验

——阶段与目标

张建龙

Experimental Construction: Stages and Targets

▇摘要：建造教学已经成为国内各建筑设计基础教学中的常设课题，其教学目标、方法与手段决定了教学效果。其中阶段性教学目标的确定，建造课题的选择，基本知识的讲授，以及合理的建造材料、结构构造和工艺实施方式设计，成为建造课程的关键。本文通过同济大学建筑与城市规划学院建筑设计基础教学的成功经验，提出按阶段实施建造教学的重要性。

▇关键词：建筑设计基础教学 重视触觉感知 建造实验 阶段性 目标

Abstract：Construction practice is the stationary program in the fundamental of architectural design，and has become the general program in the teaching of architecture design in China．The teaching target and method determine the effect．The determination of the program goal，the choice of construction tasks，the teaching of basic knowledge，the reasonable material，the structure，and process，become the key of the construction practice program．In this paper，through the successful experience program in the college of Architecture and Urban Planning，Tongji University，we put forward the importance of the construction practice in "Stages and Targets"．

Key words：Fundamental of Architectural Design；Maximize the Sense of Touch；Experimental Construction；Stages；Targets

目前，建造教学已经成为国内各建筑设计基础教学中的常设课题，是师生们精力与热情最投入的教学单元。但在看似热闹的过程和相近的形式背后，其教学目标和成效不尽相同。有模拟性砌筑、有装置性构筑、有非功能性建造等等，仔细研究课题的设置，发现会存在如下问题：对建造课题阶段的设置与相应课程与知识点是否已经有充分的准备？建造课题目标是否明确？建造材料的选择是否合理？建造材料、结构构造方式和工艺实施是否合理？

同济大学建筑与城市规划学院建造设计教学开始较早，通过近十年来的教学改革与教学实践，"建造实验"教学已经成为建筑设计基础教学中的重要组成部分。其中最为大家所熟悉的"同济大学建造节／纸板建筑设计建造竞赛"起始于 2007 年，已成功举办了八届，目前该建造节已经成为全国高等学校建筑学专业指导委员会指导下的全国性建造竞赛。

针对当下建筑学专业以及相近专业的学生强视觉感知、弱触觉感知的现状，我们在基础教学中提出了重视触觉在设计中的意义的教学理念，"手不是身体的简单部分，手恰恰是一种已经获得与传达的思想的表达与延续"（巴尔扎克），"设计与建造实践……已经再次被引入设计与建造、思考、制造的密切关系"（Juhani Pallasmaa），我们在建筑设计基础教学（一年级）中设置了一系列关于结构体验、结构实验和实体模型建造的训练题目和建造单元，并有选择性地在二年级设置了"社会建造"单元。

一、1∶1 MOCKUP实体模型建造阶段

考虑到材料加工的可能性和安全性，在建造实验课题中多采用容易加工以及加工过程和装配过程较安全的材料，其优点是教学实施安全、材料加工简易。1∶1的实体模型能帮助学生理解人体尺度、空间、形态的真实比例与尺度（图1），但只是模拟了环境要素，无法呈现与真实环境对应的结构与构造。

1. 设计启蒙——纸椅设计制作实验

始于2006年的"纸椅设计制作实验"现在已经成为一年级新生第一个基于感知、体验的建造小课题。这个题目是学生了解自己的身体比例与尺度的开始，是基于人体尺度的设计与制作——设计小组（4～5位学生）根据学生自身的人体尺度，并分析瓦楞纸板的材料特点、结构可能性和构造节点方式，每组用2张标准瓦楞纸板设计制作一把可供实际使用的椅子，以此让学生了解设计与材料、结构、人体尺度及使用方式之间的关系。该纸椅设计制作实验只允许采用插接的方式，材料是单一的五层瓦楞纸板。就材料加工而言，只要简单的美工刀剪裁操作即可完成。题目设计中强化了材料的单一性和连接方式的纯粹性，主要培养学生解决设计核心问题的能力。该课题获全国高等学校建筑学专业指导委员会组织的"2007年Revit杯大学生建筑设计作业观摩"优秀作业奖（图2）。

2. 建造单元——木构桥设计与建造

从2008年开始，我们在一年级第二学期开设了完整的"建构单元"，该单元由"建构采集"、"单跨木构桥设计与建造"、"建造节"组成。其中"单跨木桥设计与建造"是"1∶1实体模型"的正式开始。学生以班级为单位（24位学生），用60根标准木杆件（木杆件截面宽32mm，高80mm，长1300mm），设计并建造单跨跨度3.9m(0.65m ≤ 桥面宽≤ 1.3m)的桥结构一座，允许用金属连接件进行木杆件之间的连接。就材料加工而言，只要对规定的木杆件进行锯切和钻孔（使用螺栓）操作即可完成。通过该设计建造实验，让学生获

得对材料（木）性能、建造方式及过程的感性及理性认识，了解设计建造的程序，并运用力学一般原理，使桥体具有清晰的力学特征和明确的结构关系；把握桥结构体系、单元杆件、连接节点与桥结构整体造型的关系，创造合乎逻辑的空间结构形态。该课题获全国高等学校建筑学专业指导委员会组织的"2009年Revit杯大学生建筑设计作业观摩"优秀作业奖，（自2009年起，桥的建造材料由纸管改为木杆件）（图3）。

3. 建造单元——纸板建筑设计与建造（同济大学建造节）

"建构单元"中的另一个重要课题是"同济大学建造节——纸板建筑设计与建造"，课程时间是

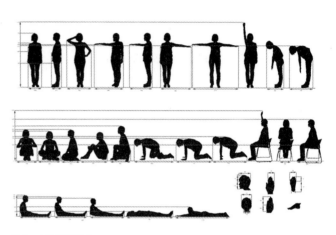

图1　人体尺度实录

图2　纸椅子

图3　木构桥建造

一个星期，利用周六与周日进行现场搭建与展示。课题的目的是：每 12 位学生组成设计与建造小组，用 60 张标准五层瓦楞纸板，设计建造一 12m² 、单层纸板建筑，每个纸板建筑内部能容纳小组成员 12 人公共活动及寝卧功能。纸板的连接允许采用金属连接件进行连接。材料加工方面，美工刀剪裁操作和电手枪钻钻孔（使用螺栓）操作即可完成。通过纸板建筑设计与建造实践，使学生获得对材料性能、建造方式及过程的感性及理性认识，理解建筑的物理特性。通过在自己建造的建筑空间中进行的活动体验，初步把握建筑使用功能、人体尺度、空间形态以及建筑物理、技术等方面的基本要求。该课题获全国高等学校建筑学专业指导委员会组织的"2008 年 Revit 杯大学生建筑设计作业观摩"优秀作业奖（图 4）。

图 4　纸板建筑建造－同济大学建造节

以上三个建造课题的训练目标和要求追求的是单一的材料和纯粹的建造方法，其目的是突出课题核心问题，消解与核心问题无关的部分，使学生的设计与建造思考更清晰和单纯。其成果表达为 1：1 的实体模型。为了使建造实验更具真实性，我们在二年级第二学期的建筑设计课程中选择性地开设了"社会建造"单元，其核心从"实体模型"转向"真实建造"。

二、社会建造——真实建造阶段

1．2011 二年级学院广场约会亭设计与建造（共 24 位学生参加，分为两个小组）

课题是为了满足学院广场上学生停留、约会的要求，设计建造一个既要有覆盖（避雨）、不挡风（通风），又能提供不同高度视点观察广场（最高站位高度 1.8m）的临时木构约会亭空间（一年使用期要求），要求活动亭的布置不能影响学院广场的正常使用，具体地点自定。

教学内容：1）行为分析，方案设计；2）深化设计，确定实施方案；3）确定实施方案、结构与构造设计、材料准备；4）材料加工与施工建造。原材料：18 ～ 20mm 多层夹板；标准木方结合多层夹板，或者使用 50mm × 50mm 截面的木杆件。结构形式：板或杆整体生成结构。连接方式：插接、榫卯连接、金属连接。尺寸要求：形态体积小于 12m³，覆盖形成的容积大于 6m³。加工方式：模型实验室平板铣床、电动工具或手工加工。

学生们通过对学生会和校园学生进行访谈来讨论选址，征求对该活动空间的使用要求，最后，一组的约会亭（12 位学生）选址在明成楼（B 楼）主入口旁边；二组（12 位学生）约会亭选址在文远楼（A 楼）北入口旁边。学院广场是重要的学生日常公共活动场地，也是重要的交通集散场地。设计组学生根据场地周边的交通流线、建筑出入口的人行交通流线以及日照和通风情况，以及对约会亭的使用方式的考虑，经过两周的多轮方案归纳，最终确定"云片"和"木格"两个方案并分别实施。两组学生根据深化设计图纸，用一周时间在学院模型实验室进行预制件加工，最终用一周时间完成了现场组装和油漆工序。整个设计与建造历时四周（图 5）。

a）云片

b）木格

图 5　约会亭设计与建造

2．2012二年级社区活动亭（Mini Pavilion）设计与建造（共24位学生参加）

课题是为了满足同济新村公共空间社区居民交流的要求，设计建造一个既要有覆盖（避风雨）、又能提供不同年龄段居民休息要求的临时休闲空间（三个月使用期要求），要求活动亭的布置不能影响环境的正常使用，具体地点自定。

教学内容：1）行为分析，方案设计；2）深化设计，确定实施方案；3）确定实施方案、结构与构造设计、材料准备；4）材料加工与施工建造。原材料：18～20mm多层夹板；标准木方结合多层夹板。结构形式：板整体生成结构。连接方式：插接、榫卯连接、金属连接。尺寸要求：形态体积小于8m³，覆盖形成的容积大于4m³。加工方式：模型实验室平板铣床、电动工具或手工加工。

学生们邀请社区居民委员会、物业管理委员会和退休教师协会开会讨论选址，并对社区居民进行访谈，征求对该临时活动空间的使用要求，最后选址在社区俱乐部前已经废弃的儿童游戏沙坑。该沙坑西南两边是小区道路，东北两边与社区居民每天早晚锻炼的社区小花园相邻，学生根据场地的周边环境景观和使用要求，经过一周的多轮方案归纳，期间邀请区居民委员会、物业管理委员会和退休教师协会代表参加方案论证，最终确定"戏亭"方案并进行实施。学生们根据深化设计图纸，用三天时间在学院模型实验室进行预制件加工的同时，现场进行基础施工工作，最终又用三天时间完成了现场组装和油漆工序。整个设计与建造历时两周（图6）。

a）搭建中　　　　　　　　　　b）搭建完成

图6　戏亭设计与建造

上述二年级"社会建造"与一年级"实体模型"的差异，在于该建造课题有明确的场地环境，有景观、有建筑、有邻里，有明确的使用者，使用者参与任务书的制定和方案的形成过程。建造的材料使得建造作品在室外露天有长时间保存的可能，其结构与构造也呈现建造的真实性。

建造教学是建筑设计基础教学中不可或缺的实验与实践课题，在明确课题目标、阶段、材料、结构、构造和加工等基本前提下，注重建造中的人体尺度与空间关系的把握、材料与工艺逻辑的把握，各校的建造教学成效会越来越好，日益丰富。

作者:张建龙,同济大学建筑与城市规划学院建筑系　教授,同济大学建筑规划景观实验教学中心常务副主任

万般的材料技术场面用"手"撑

——刍议建筑学教学中的"手"作用发挥

余亮　章瑾

All Kinds of Materials Technology Scenes
with "Hand": Discussion of "Hand" Role
in the Teaching of Architecture

■摘要：建筑材料与技术是建筑与建造的基础和灵魂，"手"思为本，才能显出材料与技术的本色，"手"在材料和建筑的建成物之间起到了很好的桥梁作用。在当今建筑学教育中，学生的手感培育是教学的王道与根本。应以建筑材料的学习为起点，在教学中建立"手"思为本的动手实践模式并渗透到其他课程，使学生在学习材料性能的同时，了解在其他课程中的作用和影响。本文通过考察国内外相关院校的材料与技术课程，探讨建筑学培养低年级学生的"手"思维习惯的可能性，目的是让学生用手尽早地接触、了解建筑，思索建筑的构成本质与逻辑。

■关键词：材料　技术　"手"撑　建筑教学

Abstract：Because building materials and technology is the foundation of the building，"hand" built shows the essence of material and technology，and it also plays a bridge role between the material and construction. In today's architectural education，it should be the root of the teaching of architecture. We should take the building materials study as the starting point，making practical learning as the combining site of building materials technology and architectural design. By investigating the carding material and technology courses of colleges at home and abroad in different periods with the hand built practice，this paper discusses the possibility of the "hand" thinking habit of architecture junior students，which is able to let the students exposure to understand the nature of construction content as soon as possible.

Key words：Materials；Technology；with the Hand；Teaching of Architecture

1.材料技术：建筑基础与灵魂

　　"材之先，手为本"，当拆开材料的"材"字去细细品味并作释义时（"料"字亦同，此处不作展开），不难发现古代造字人的玄妙和用心良苦，材的左边是"木"，右边是"才"，

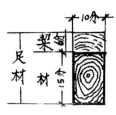

图 1　材的释义与内涵

图 2　大跨空间——1851 年伦敦世博会水晶宫

a）平面的叠涩构筑法　　b）罗马水道叠涩券

c）建成效果

图 3　材料与技术的完美结合和提炼——罗马水道的拱曲线

由此是否可以推断，左侧的"木"在讲材料，右侧的"才"则提示出一种度量和能力。《六书正讹》上言，"才者，木质也"，"在地为木，既伐为才"，意思是"才"的话伐了后方可被叫。其次，以历史悠久的"斗栱"应用为例，它是横材方木相互垒叠形成的既承重又装饰的构件，值得一提的是整栋建筑物的度量和比例均以斗栱的横栱之"材"为单位，这种以"材"为度量的方法犹如早期欧洲柱式，会以柱径为度量的单位（图 1）。邻国日本至今仍有用"才"度量的习惯，除用作度量船载货物或石料的单位外，有趣的是还用作岁数计算，相当于中国的"岁"。这样材字经"木"、"才"的两字相佐，其释义绝不是简单的原始顽材，已可显示"材"经雕琢变成了"才"的内涵，无不暗示出材料雕琢度量的重要性。建筑材料也不例外，除是建造的构成基础外，更是建筑整体艺术形象不可或缺的"缔造者"。

"手"的雕琢作用不可磨灭，它在建筑的材料和建成物之间起到了桥梁作用，使原本缺乏又未完成的构筑和功能特性的材料，经手的技术介入不仅嵌进使用属性，同时还嵌进了审美需要的装饰感。不容置疑，材料与技术是"孪生姐妹"，材料是技术的构建基础，技术成立的前提，技术因材料变化可以量力发挥，材料因有技术结合而能变身有用的合理之物。材料并非不假思索地应用在建筑，而需运用构筑等法则，才会使建筑的形态感、质感和色彩感得到有效的刻画。新材料和新技术会为建筑带来无穷无尽的想象力。1851 年伦敦世博会的水晶宫，开创了大量应用玻璃和钢材的先河，它所构成的大跨空间，为大型物件展示等活动带来极大便利，不愧为材料和技术设计的结合典范（图 2）。同样，材料与结构形式的关系同样密切，优美的罗马时期拱曲线不仅简洁地显现出传力的合理，更带来了巨大的视觉冲击，诠释出受力的功能和视觉感受可以同时兼得的真理（图 3）。

本文关注建筑教学的材料与技术话题，关注像变魔术一样驱使材料与技术"瞬间"变为人们津津乐道并难以忘怀的建筑形象，思考技术构成背后的抓"手"作用，通过考察国内外相关院校的材料与技术课程，探讨建筑学培养低年级学生的"手"思维习惯的可能性，目的是让学生用手尽早地触及建筑，以此思索建筑的构成本质与逻辑。

2.手思为本：方显材料与技术本色

建筑用材料堆砌之理不可置疑，但建筑不是简单堆积，自觉或不自觉地大多遵循着通过"堆积"使顽石那样的生硬材料铸成有血有肉、有情有感的建筑作品，建筑不仅是技术构成，同时又是艺术作品。材料使用的巧妙与否直接关系到建筑的效果体现，都会相信效果是用手"堆砌"的，手能使材料价值翻升，巧妙和恰到好处虽是对材料使用的最高要求和对境界达到的褒奖，倒不如说是对手运用的赞许，说明此时的材料性能发挥到了近似极致，体现了出材料价值。当然，不同的材料用法会产生截然不同的建筑效果，路易斯·康通过相同砖块的组砌（图 4），强调了建筑史上曾经多见的不折不扣的手工韵律感，感觉到手在思考。建筑区别于绘画、雕塑等其他艺术作品的最大特点，莫过于它不仅需要符合观赏者的审美情趣，同时它要建造，通过建造使实体站立起来才可说建筑过程了结，才使观赏者进入审美程序。建筑的形成过程比一般艺术品长而复杂，是设计和建造的完美统一，好的设计不能建造等于作品不成立，而建造过程虽尽善尽美，但作品的堆砌没有章法，看不出手工推敲的"精雕细琢"，同样要算败笔。手在设计和建造这两个环节都起到了难以替代的作用，这里的"手"

图 4　生硬的材料经手"蹂躏"变成了栩栩如生的建筑形象（路易斯·康设计）

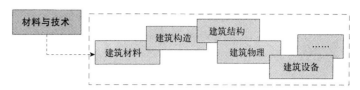

图 5　材料与技术概念渗透在不同的课程中

的概念不仅是对建筑盖起来不出安全等大问题的"手"工娴熟程度的描述，更是对材料运用得心应手和细致周全的巧妙思考的赞叹，可以认为优秀、令人难忘的建筑场面都是用思考的"手"撑出来的。

强调"手"撑场面的原因有两个：一是手物接触的感知升华；另一个则是手的动作过程，由事物的认知规律决定。前者的意义在于，建筑认知和人类其他认知一样，由浅入深，循序渐进，建筑由具体的材料物质构成，从数学上推断不同的材料组合可以排列成无穷的建筑形态，而各种形态的形成均是手物接触的结果，通过手物接触可以调整材料的组合应用策略；其次，人类脱离不了建筑，虽然都可对建筑评头论足，但不见得了解建筑，正因为如此，建筑口味的众调并不容易，需要设计师"道高一尺，魔高一丈"的"手"触微调，许多响亮至今的大牌设计师无不如此。二是手动过程，手在物上如触而不动，同样达不到活学活用材料的目的。早期的建筑师往往既是设计师，又兼建造师，他们熟知建造过程，利用建造之感运筹建筑设计，这样的手"动"可使建筑个性更为突出。设计为建造、建造为设计互相提供想象，"手"感作用不容忽视。

继承建筑学专业的教学习惯，材料是最基本的内容之一，以材料学习为起点，在教学中建立"手"思为本的动手模式并渗透到其他课程，如建筑构造、建筑结构等课程（图 5），使学生在学习材料性能、掌握不同材料在建筑中的加工连接等方法的同时，了解材料在各门课程中的影响和作用。除此之外，材料决定的工艺和技术需要"手"思呈现，用"手"思考是材料与技术和建筑设计结合的重要内容。现在的建筑课程大多把建筑材料、建筑构造、建筑结构和建筑设备等分开教授，虽保持了课程的独立性，但难免使初学者难以把握建造的整体流程，如以材料概念进行纵向串接是否能够加快学生的建筑理解。

3. 手感提炼：慢性渗透与全方位

现在入学的大一学生，独生子女多，加上经济技术的整体发展和普遍家庭条件优越，学生中饭来张口、衣来伸手之习不少，存在着"手"能力差的现象，加之建筑业的专业分工，用手"湿"作业减少，不可置疑会加速手的感知能力下降，有悖于几千年来建筑大多由工匠和建筑师用"身体"感知的建造实践。截至 2012 年，全国共有 260 余所高校开办建筑学专业，在校本科、硕士和博士生已近 10 万人[1]。作为建筑学专业，形象与逻辑思维并存的方式与其他专业有区别，容易使不太知晓这个专业的新生迷茫，如何减少迷茫，使新生早些进入专业角色成为这个行业需要思考的命题。

为了解材料与技术元素在建筑教学的渗透结合情况，我们考察了各院校的开设课程和利用建造节这两方面情况。一是课程体系，用"材料"和"技术"作关键词一窥所包含的内容，依据网上调查发现，大部分院校的课程名称及表现不尽相同，但其表述的内质差别不大，即或多或少地渗透着材料教学元素[2]（表 1）；二是利用建造节这一明显的"手"思考形式，近年来，国内不少建筑院校在课程体系中增设了建造环节，多安排在本科一、二年级，建造顾名思义为"手"思，谓之"建造实验"[3]，通过集中组织方式名正言顺地"强迫"学生动手，"强迫"用手触及材料以及寻求技术方法，希望刚入行的建筑学生对材料"堆积"的建筑过程增添感性认识，缩短建筑整体的认知与理解时间[4]（表 2）。

国内外几所建筑院校的材料与技术课程比较　　　　表1

时期	建筑院校	材料课程	技术构成	建筑构造	特点
早期	包豪斯（1928年）	材料科学、材料强度、材料组合	工场实习、实践指导	住宅与构造、办公建筑与构造、旅馆与构造等	工作坊教学，把动手教学提前
	宾夕法尼亚大学（1928年）	木工、石工、铁工		构造原理	比较完善的建筑技术课程
	清华大学（1949年）	工程材料、钢筋混凝土	结构学	房屋建造	
目前	英国AA建筑联盟	材料和技术	先进结构设计分析	建造过程、技术工艺学	
	苏黎世高工建筑学院		建筑结构	建筑设计及技术	强化房屋建造
	香港大学		1）建造体系；2）技术和建筑环境工作室	设计与技术应用（1）和（2）	技术课程比重较大
	清华大学		现代木构造设计、建筑细部、建筑技术概论	建筑构造（1）和（2）	建筑材料和结构不作为单独课程开设，与建筑构造结合教授
	同济大学	材料、技术和动手结合	环境控制、结构等综合	建筑构造（1）和（2）、建筑特殊构造、构造技术运用	低年级为多，较为发散

注：1）资料来源于各大学网站，略有改动；2）空格表示不详。

国内外几所建筑院校的建造节[5]　　　　表2

建筑院校类型	建筑院校	建造命题	设置阶段	设计类别	学生规模	持续周期
国外	英国建筑联盟学院	数字工艺之棚屋建造	大二、大三	设计单元	10～15人	1年
	苏黎世高工	1：1建造结构	大一	技术课程	20人	6月
	耶鲁大学	住宅建筑	研一	设计单元	20～75人	9月
	东京大学	家屋构造				
国内1990年代前	香港大学	亭子建造	大二	设计单元	全体	6周
	清华大学	建筑建造	大三	设计单元	20人	8周
	同济大学	纸板建构	大一	设计基础	全体	10小时
国内1990年代时	深圳大学	材料与空间建造	大一	设计单元		
	上海交通大学	制作	大二			
	南京大学	2.4m立方体建构		设计单元		
	华中科技大学	1：1构成设计		设计单元		
国内1990年代后	苏州大学	木构	大一	设计基础	全体	4周
	同济大学浙江学院	普通砖建构	大一	设计基础	全体	6周

注：1）建筑院校类型的国内部分，参照注释[1]仲德崑论文的时间划分方法，只为一般区分，未经认证；2）空格表示不详。

"手思"类似其他的视觉、味觉和听觉等，是用手感受建筑的材料存在，符合事物的认知规律。首先，人类需要与外界交互接触并从中感知输入信息，感知需要传递，身体上的许多感觉神经为传递提供了便利。手触感灵敏还可以不同方向动作，自然成为与物接触的最前端，手的许多敏感末梢神经或传感器会将与物接触的点滴感受通过神经系统传遍全身，让全身知晓并引起大脑皮层兴奋。其次，触感是积累，身体通过N次与物接触会在全身建立起健全的感知觉系统，进而对事物暨建筑全体产生敏感。以材料为突破口，用手触及材料、用技术解读材料，正可为学生较早阶段亲近并认知建筑创造条件，弥补和强化当前学生对建筑感知过程中的用手"不足"现象，可以引发学生对建筑学习的积极性[6]（图6）。

以材料为媒介的培养方法着重在培养学生的用手感觉，需用时间和过程酿就，来不得着急，怎样的投入就有怎样的回报，以曾经看到的日本山梨县桃农（在日本很有名，类似中国的名优特产）的种桃、育桃实践说明投入的重要性。虽然桃树仅为一棵树，而树自然有春来花开、夏来结果的习性，但为了收到与众不同、技高一筹的果实，实际上桃农们即便在冬天也会忙碌在桃树前后，剪枝松土，将枝条粉碎后埋入树旁，他们相信这种劳作会换来明年的丰硕，而不是放任不管。

如今，钢和玻璃已成为建筑材料的主流，已不会有稀奇之感，但两种材料性能不同，巧妙的设计除了需要好的构思外，更离不开娴熟的工匠之手（图7）。手感培育不是一朝一夕之事，要服从从低级到

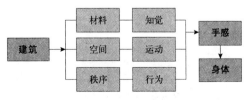

图6 "手思"对获取建筑敏感性的决定作用

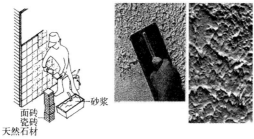

a) 砌墙操作   b) 砂浆拉毛效果

图7　工匠的手感是这样练就的

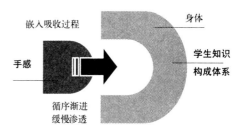

图8　手感的嵌入与吸收概念

图9　同济大学低年级学生的陶艺手感训练

图10　苏州大学低年级学生的木工手感训练作品

高级的循序渐进顺序，然后渗透至身，让身体变得协调才能算作成熟。过程尽管缓慢，但手感的嵌入宜早不宜迟（图8）。同济大学和苏州大学的建筑类学生分别在低年级阶段导入了陶艺和木工的制作环节（图9，图10），让学生较早地了解"建造"，通过制作唤起学生的做物感，达到用"手"思考建筑的目的。学生养成用触觉体会材料，无疑是认知建筑这一特定对象的所要求。虽然建造涉及的主材各有千秋（表3），但积少成多，通过理论课程与手感结合，肯定可以缩短材料的认知时间和过程，包豪斯和西塔里埃森不就是榜样吗？

课程中的材料渗透概念　　　　　表3

分类	不同材料
主材	砖石：普通砖、石材； 木竹：板材、板条等； 钢：方管、角钢、轻钢龙骨等； 混凝土：沙石、板材等； 塑料：发泡材、亚克力、阳光板等； 纸质：瓦楞纸、纸筒等
辅材	水泥、黄沙、石子、PVC管、KT板、胶水、绳子、铁丝、涂料、油漆等
配件	钉子、螺丝、螺栓、自攻螺丝、角铁、合页、插销等

[项目资助：江苏高校优势学科建设工程项目（PAPD）；苏州市建筑与城市环境重点实验室]

注释：

[1] 仲德崑.中国建筑教育——开放的过去，开放的今天，开放的未来[A].2013全国建筑教育学术研讨会论文集.北京：中国建筑工业出版社，2013.9.
[2] 范占军.设计／建造教学模式的实践与思考[J].A+C设计.2009（07）：44-45.
[3] 张建龙.同济大学建造设计教学课程体系思考[J].新建筑.2011（04）：22-27.
[4] 张晓春，尹珅."材料与设计"论坛综述.时代建筑[J].2014（05）：130-133.
[5] 王德伟.建筑学专业建造课程的比较研究[D].重庆大学硕士论文.2007：21-29.
[6] 冯琳.知觉现象学透镜下"建筑—身体"的在场研究[D].天津大学硕士论文.2013：13-17.

图片来源：

图1：作者自绘或自摄；
图2～图4：引自互联网；
图5～图6：作者自绘或自摄；
图7：庄俊倩，邓靖，宾慧中等.建筑概论——步入建筑的殿堂[M].北京：中国建筑工业出版社，2009.9.
图8～图10：作者自绘或自摄.

作者：余亮，博士.苏州大学金螳螂建筑与城市环境学院建筑与城规系　主任，教授；章瑾.同济大学浙江学院建筑系　讲师

将照明设计教学融入建造教学的尝试

张昕

Attempting to Integrate Lighting Design Teaching into Building Construction Teaching

■摘要：依托清华大学建筑学院建造小学期的课程实践，本文记录了将照明设计教学融入建造教学的目标、内容、形式与成果。通过照明与建造的课程协作，训练学生的知识关联能力和综合决策能力，是建造课程改革中的一次有益尝试。

■关键词：照明设计 建造教学 课程协作 照明教学 知识关联

Abstract：Based on course practice in the construction semester，this paper writes the goals，contents，forms and results of integrating lighting design teaching into building construction teaching．The cooperation between lighting and construction courses helps to improve students' knowledge association and comprehensive decision—making abilities，which is a useful trial in the reform of construction courses．

Key words：Lighting Design；Building Construction Teaching；Course Cooperation；Lighting Teaching；Knowledge Association

1.综述

随着全社会对于建筑品质的追求提升，建造设计课程在建筑学课程体系中的地位也不断提升。建造教学是全过程的思维训练与实践技能的结合。基于各校教学方针和训练目的的不同，建造教学的课程也各有侧重，其目的不是传授知识，而是希望学生经由过程学会发现、探索、实验并解决问题[1]。

以"实物呈现"为成果形式的照明设计教学在我国相对较少，教学侧重各不相同。同济大学2014年的"光影时节"，基于LED发光特点和材料的光学特性，试图将中国传统二十四节气的特点、寓意、气氛融入光艺术装置中，尝试光、材质及形态的创新设计。广州美院的建筑照明设计课程针对艺术专业特点，重点进行原理、规范等显性知识与经验、感受等隐性知识的相互转化训练，以建筑片段作业方式呈现对整体形象和功能品质的设计思考。

将照明设计融入建造教学的案例则比较罕见。清华大学建筑学院从 2006 年"声光热的构造盒子"开始，进行过几次引入照明设计的建造教学尝试，为 2014 年"三面墙"建造小学期积累了一定经验。对于高品质的建筑追求，照明与构造体系应高度结合，是建筑、室内、幕墙、照明、电气等多专业紧密合作的结果。建筑师作为团队负责人，需要具有知识关联能力和综合判断能力。因此，将关联教学融入建造教学的尝试具有一定现实意义。引入照明设计，意味着教学的复杂度随之提升，故撰文记录以供参考。

2.教学目标

（1）完成符合"三面墙"设计特点的照明设计与"永久性"照明工程安装。

（2）体验照明设计从构思、方案、选灯和实验到采购、安装和调试的全过程，结合建造进程完成各阶段图纸，体验将照明设计嵌入建造设计的复杂性。

（3）初步了解工程应用的照明设备性能（如色温、光效、功率、控制、重量、防护等级、安装方式等），建立灯具造价与性能之间的关联，体验观摩电气安装工程的全过程（灯具安装与调试由同学负责，电气设计与安装由外请专业人员负责）。

3.教学内容

通过实践教学，让学生在建造设计与广义照明设计之间建立关联（图 1）。广义照明设计是载体相关学科（建筑、规划、景观、环艺等）与照明相关学科的交叉学科，包括照明设计（狭义）、灯具设计、光源技术、控制系统设计、电气设计和施工技术，基于周期短、预算低、安全性等综合考虑，教学内容以"建立知识关联、解决特定问题"为指向，重点教学内容如下：

（1）如何在建造设计的方案阶段综合考虑墙体的日间和夜间视觉效果。日间效果代表墙体的视觉恒常，而夜间效果既要维护视觉恒常，也要创造视觉惊喜，照明的可观、可用决定了恒常与惊喜之间的距离要适度，这也是融入建造的照明设计教学与光艺术装置设计教学、一般照明设计教学的主要区别。

（2）如何基于墙体的美学和构造特点设计"自洽"的照明节点。照明节点不应成为墙体节点的附加物，在技术复杂度提升的同时更要追求简洁和合理，通过照明节点的多方案比

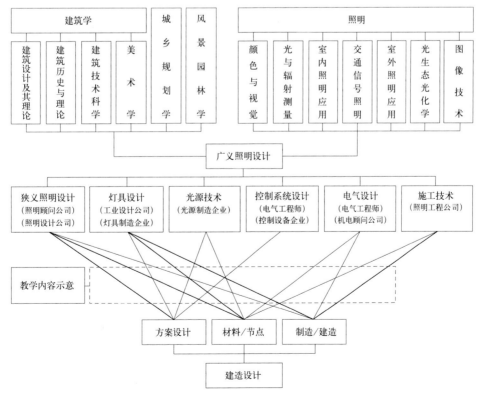

图 1 教学内容示意（详见虚线框覆盖范围，粗实线所示关联为教学重点）

较优选，训练未来建筑师处理复杂技术问题的思考模式。

（3）如何基于光与材料的关联性，优化材料选择、色温、光源功率。学生熟悉材料，但对照明陌生，需通过市场调研快速了解灯具和光源，并以此为前提，优化材料与光的组合，例如墙3的眩目背板选择就是基于这种思考方式。

（4）如何兼顾藏灯、防眩、照明等复杂技术要求，对廉价灯具进行布置和改造。用廉价灯具创造优质效果是对照明设计师的挑战，通过本次训练，学生亲身体会到如何通过灯具选位和改造，化腐朽为神奇，有助于更深刻的理解照明设计。

（5）如何设置墙体施工工序，令照明效果具有可调整的能力。照明设计的成败50%在于最后的调试，成熟的照明设计师将在设计阶段预留调整能力。本次课程最难的部分就是工序安排，因为墙体的选材搭建必须在照明方案确定之后，照明小组必须在没有足尺模型可供亮灯实验的情况下，进行分阶段的缩尺模型和局部足尺模型实验，并依靠教师的实践经验预留了工程末期的调整能力。

4.教学形式

每班成立5人"灯光小组"（含1名组长），具体负责照明设计。灯光小组在纵向上受照明设计教师的指导，独立负责照明的方案构思、图纸表达、模型实验、器材购置、安装调试；在横向上与本班其他各组在各阶段保持紧密协作。完全模拟实际项目中甲方照明主管、照明设计公司、照明工程公司等进行多种角色扮演。

5.教学成果说明

本次教学分别从设计概念、安装方式、加工方式、照明造价与设备明细等方面介绍各班的最终成果（表1）。三面墙仅在色温上保持一致（3000K），维护内院夜晚氛围的整体和谐。

	教学成果说明		表1
	墙1（建31班）	墙2（建32班）	墙3（建33班）
设计概念	以时间板为剪影，光从板间缝和翻转的板侧溢出	墙面洗光照明，随三棱柱的翻转产生戏剧性效果	向背板投光，用光编织，与整体风格保持一致
安装方式	位于支撑钢架的上部，藏于翻板背后	装于上部龙骨，外附钢片藏灯，自制防眩隔栅片	与型材支架整合为一体，嵌入编织体系
加工方式	成品灯具，无需加工，经由卡槽固定在钢架上	用燕尾钉固定钢板于龙骨，灯条贴在钢片内侧	灯带随剪随用，尽端由玻璃胶密封
照明造价	605元	360元	164元
设备明细	4m内置变压器的LED灯具，3m电线，安装卡槽	6m线形LED灯具，防水变压器，3m电线，钢片	5m/捆的LED灯带共6捆，防水变压器，3m电线

图3 墙1地面光影

图4 墙1的翻板改变光影关系

图5 墙2的遮光片

图2 墙1夜晚效果

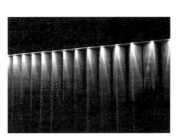

图 7　墙 2 夜晚翻转效果

图 9　墙 3 节点

图 6　墙 2 调光

图 8　墙 3 节点

图 10　墙 3 夜晚效果

6.讨论

　　在建筑学教育的庞大课程体系之中，很多课程具有联合和互动的可能性。这种课程协作模式主要训练同学的知识关联能力和综合决策能力，属于建筑师的"核心竞争力"范畴。近期很多高校开展了有益的尝试：如天津大学丁垚老师的"在独乐寺造门"（为中国最古老的寺院大门补上门扇），既作为建筑初步课程整体的一部分，又在建筑历史与理论的语境之下；中央美院何崴老师的"乡土建筑"课程，依托乡土调查，通过影像、模型、艺术表现等综合手段记录并再阐释，之后结合现实提出再生方案，将建筑设计、乡土建筑理论等多学科方向集于一门课程。独立的照明设计课程对于建筑学同学而言，不可避免地倾向于知识学习，若将照明设计融入建造教学，则在知识学习的同时提供"改进思考方式"的机会，是一种有益的尝试。

注释：

[1] 姜涌，泰瑞斯·柯瑞，宋晔皓，王丽娜．从设计到建造——清华大学建造设计实验[J]．新建筑．2011 (04)：18-21．

作者：张昕，清华大学建筑学院副教授

基于性能的数字微建造

胡骉

Digital Micro Fabrication Based on Performance

■摘要：湖南大学 DAL 数字建筑实验室，采取"走出去、引进来"的教学思路，每年主办数字建造工作营。在教学过程中，参与的教师和学生旨在逐步了解基于性能的数字建筑设计理论与方法，特别是掌握基本的参数化设计软件和数字加工设备在设计中的运用，制作物理模型和建造空间构筑物，完成数字设计到数字建造的全过程。DAL 总结工作营的教学经验，对学院的课程设计进行教学改革，取得了初步的教学成果，为今后的设计课程数字化探索打下良好的基础。

■关键词：数字建筑实验室　性能　数字微建造

Abstract：Based on the educational principle of "Open up，Bring in"，DAL（Digital Design Laboratory）has conducted digital fabrication workshops regularly every year。During the participation of the workshops，tutors and students started to build up their own understanding of digital architecture design based on performance，and learnt the skills of using computational software and applications through making real scale models and prototypes。Empowered by the last couple of years' experience，DAL starts the revolution in the educational system by introducing digital design tools to the students of school。The achievement at current stage lays out a strong foundation for the future prospect of digital education。

Key words：Digital Architectural Laboratory；Performance；Digital Micro Fabrication

　　湖南大学建筑学院，通过近年与国内外同行的交流，成立了"DAL 数字建筑实验室"，每学期举行数字建筑设计相关的国际化工作营，期望提供一个开放的平台，打破学生对数字建筑的神秘感，提供建筑设计一种新的可能性。通过多次联合数字建造工作营的教学实践，DAL 正快速而审慎地开展与数字建筑相关的教学改革，期望进一步探索其诱人的形式感背后的生成逻辑与数字建构经验，还原其本来面目[1]。本文将通过介绍湖南大学 DAL 数字建筑实验室的三次数字微建造工作营的基本情况，客观地展示教学内容与过程，总结其中的教学规律和实践经验，为学院相关设计课程的教学改革提供参考。

一、基于性能的数字设计与建造

在传统的设计过程中，建筑的功能往往成为思考和创意的出发点。当下建筑学专业备受关注的两个研究方向——可持续建筑技术和数字建筑设计与建造能否成为建筑课程设计创新方法的推动力，是 DAL 数字建筑实验室这几年研究与关注的重点。通过数字化模拟、编程软件的应用，基于可持续目标的场地人流、水流、视线、光线、噪声等客观物理环境的数据采集、分析和优化成为设计创新的动力，更是新型空间形态的涌现发生器。在整个设计过程中，DAL 并不满足止步于虚拟设计和模拟环境性能分析。针对材料性能和建构逻辑的学习和研究，我们希望每年能在建筑学院的场地中，通过完成一个实际的微型建造作品，让学生们认真研究材料的物理性能、化学性能及结构性能，材料二维或三维加工的可能性，以及材料连接的构造节点、材料运输、加工和安装等一系列问题。最后让学生理解和掌握从运用文件到文件的数据传递（数字设计文件到数控设备机器语言文件的无缝转换），完成项目的数字设计到数字加工建造的全过程。

二、数字微建造工作营

1. 2012.07 DAL——Transparent Surface 暑期工作营

导师：胡骉（DAL）、杜宇（DAL）、Johannes Elias（Coop Himmelb(l)au Architects）、万新宇（University of Applied Arts Vienna，Coop Himmelb(l)au Architects）

通过自上而下或自下而上的设计策略，根据设计要求去探索合适的设计方案，在充分理解材料基本属性的基础上巧妙地完成设计方案从虚拟到实物的一系列过程。先建立一个可操作的，交互式的 Grasshopper 脚本界面，在建筑学院老系楼门厅的空间内，以"透明表面"为主题，设计一个室内顶棚。

实施方案通过观察发现，在炎热季节直射阳光将毫无遮拦地进入门厅内，使得室内光线刺眼且酷热难耐，原本期望师生在课休时间能在门厅小憩的设计初衷无法实现。借助 Eco-Tech 这个模拟软件的反馈，该方案小组的成员设计了一个由 312 个相似的四边性为基础的、通透的多面体组成的连续曲面，随着位置的移动，通过调节控制 Rhino 模型的 Grasshopper 的设计参数，通透多面体的遮光角度也会随着太阳照射角度的变化而变化。在用木板、有机片以及加厚纸板进行一系列材料测试后，最终选用 3mm 厚的复合铝板为多面体单元的加工材料，利用其易加工和可折叠的优势，使用 CNC 精确而快速地切割设计单元，同时连接螺栓的所有孔洞也一并钻好并编号，然后在工作营进行 312 个单元组件的拼装，再由这些基本单元拼出12 块大型组件，最后进行分步吊装并在空中连接成为一个整体。开学后，我们观察到在门厅停留和小憩的师生非常多，证明这个遮阳顶棚对室内光环境的性能优化达到了设计目标[2]。

图 1　Transparent Surface——顶棚制作过程（作者自摄）　　　图 2　Transparent Surface——顶棚完成照片（作者自摄）

2．2013.08　DAL——折纸与榫卯暑期工作营

导师：胡骉

学生：刘景阳、胡哲、高亦伟、左奎

通过对中国传统木构结构和构造的研究，榫卯即为构件之间的阴阳插接关系，基于这种关系进行思考，在设计工程中得到了更自由、更简单的榫卯原形，使之可以在二维和三维方向依靠自身的摩擦力聚集发展。我们用磁感线模拟参展场馆的人流，分析场地的空间场域，并通过 diffusion-limited-aggregation 的计算方法得到与场域相适应的空间形态并基于结构性能进行设计优化。在此运用到了 Rhinoceros、Grasshopper for Rhino 和 RhinoScript 以及 Maya 等软件。考虑到要经过远距离的运输和重新安装，以及材料加工的精度和物理性能，建造材料使用轻质、高强度的聚苯保温板，加工手段为水刀切割。

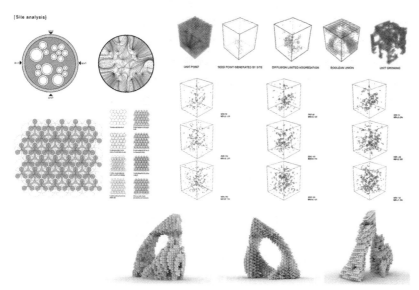

图3　榫卯——装置设计文件（刘景阳等提供）

图4　榫卯——装置完成照片（作者自摄）

3．2014.08　DAL ＋WAX——Encoding Formation 暑期工作营

导师：胡骉（DAL）、徐丰（WAX AADRL）、Nikolaus Wabnitz（WAX AADiploma）

助教：陈天一（ETHCAAD AADRL）、易云扶（AAEmTech）、俞金晶（AAEmTech）、齐震（Adaes）、赵紫融（WAX LCD）、杨石伦（WAX）

该设计工作营从"自生成—城市力场—形态—原型建构"的角度，来重新理解与设计"城市的动态微组织"，无论是车流、人流等具象流线，还是信息、能源等抽象场地动态参数，都可以作为研究对象，并通过对于形态与其背后生成原理的理解，来提出"另一种可行性"。GH 作为编码平台，学生在这一设计过程中，通过设计一个回应场地条件的装置物，对于"参数化设计"有进一步的理解与体验。

完成的作品从对湖南大学建筑学院咖啡厅的人流、视线、噪声、光线、材质、色彩的具体观察着手，借助 kangaroo 插件的找形，设计了一个由 250 多个相似六边形为基础的、通透的多面体组成的咖啡亭。随着位置的移动，通过调节控制 Rhino 模型的 Grasshopper 的设计参数，通透单元体的大小、角度和开口也会随着形态受力的变化而渐变，以适应咖啡厅对视线的遮蔽，以及对空间进行重新围合和分隔，创造出新的环境氛围。最终选用 0.7mm 厚的哑光不锈钢板为多面体单元的加工材料，大型激光切割机精确而快速地切割出每个单元，连接螺栓的所有孔洞也一并切好。先进行 250 多个基本单元组件的拼装，再在现场拼出 5 块大型组件，最后分步吊装并连接成为一个整体。

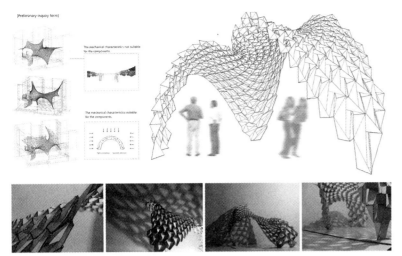

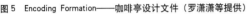

图 5 Encoding Formation——咖啡亭设计文件（罗潇潇等提供）

图 6 Encoding Formation——咖啡亭完成照片（作者自摄）

结语

　　当然由于时间的关系，DAL 暑期数字建造工作营教学时间太短，对建筑设计探究的深度与广度有限。而在日常的设计教学活动中，完整的建筑课程设计中如果能基于数字设计的思维与技术平台进行指导，必将可以更充分地研究建筑设计的本体性问题，这也是 DAL 数字建筑实验室今后积极推动与实践的目标。

（项目资助：湖南省学位与研究生教育教学改革研究项目）

注释：

[1] 胡骉 . 过程与体验——记 2009 湖南大学与台湾交通大学 "数字建筑 Workshop" [J]. 城市建筑 .2010 (6)：53-55.
[2] 胡骉。透明表皮——湖南大学建筑学院老系楼门厅数字遮阳顶棚设计 [J]. 城市建筑 .2013 (10)：106-109.

参考文献：

[1] 刘延川 . 在 AA 学建筑 [M]. 北京：中国电力出版社，2011.
[2] 胡骉，杜宇 . KOMOREBI——2010 湖南大学 DAL+ZHA|CODE 工作营的建造实践 [J]. 城市建筑 .2011 (9)：42-43.
[3] 胡骉，杜宇 . 基于工作营模式的数字建筑设计教学初探 [J]. 新建筑 .2012 (1)：28-33.

作者：胡骉，湖南大学建筑学院环境设计系 主任，DAL数字建筑实验室 主任，副教授

一次与学生文化节相结合
的建造教学纪实

程力真　薛彦波

A Teaching Record of Building Combined with the Students' Cultural Festival

■摘要：建造教学是建筑教育中极具专业特色的内容，对于时间、场地和指导的要求不同于普通的课堂教学。建造教学是建筑学的重要教学内容，但在我系教学中仍为空白，我们通过与学生文化节的结合，进行了一次"建造"教学尝试，积累了关于人员组织、场地规划、材料选购与现场施工等多方面的经验。对于如何见缝插针地安排与建造相关的教学进行了探索，对于建造类教学活动的目的与方法进行了反思，为今后建造教学工作的开展积累了经验。

■关键词：学生文化节　建造　材料

Abstract：The teaching of building is a professional characteristic content in architectural education，which is different with design teaching in classroom. Although the teaching of building is very important item of architectural education，it hasn't been involved in our school's teaching program. We tried a building teaching combined with the students' Cultural Festival，and get lots of organization，site planning，material selection and construction experiences which help us to explore how to seize every opportunity for building teaching，think objective and method for the building teaching，and accumulate of experience for future building teaching.

Key words：Students' Cultural Festival；Building；Material

1.缘起

　　"建造"作为建筑的物质基础和表达手段，代表了行业特有的技术与艺术的合一，19世纪的欧洲建筑先贤们从对建筑认知的研究中抽丝剥茧，将"建构"一词剥离了出来，使得"建造"这一建筑的基本操作过程登上了专业理论的殿堂，经过100多年的普及，以及更加坎坷的中国之旅，如今"建造"已经成为我国建筑教育界越来越重视的教学内容。

　　"建造"教学在神州院校如火如荼地展开，北京交大建筑系自是不甘落后，早早就关注"建造"的实施，希望早日能在本校的教学中得以实现。但是，"建造"活动比不得"纸上谈兵"，先不说师生们如何努力去搭建，单是场地和时间的安排就让人颇伤脑筋。首先，在时间上，各年级的课程设计体系已经比较完整，如果挤出正常课程时间做建造教学，势必要在课程安排上大动干戈，需要进行调整；其次，建造活动就是建1：1的空间，因此很难在室内搭建，必须和学校申请户外场地，而作为一项新的教学活动，其申请的程序和步骤都未有先例，增加了可行的难度。

专业教师们为"建造"的实施进行艰难筹划的同时，学院团委也在为建筑艺术学院每年一度的"创意文化节"如何举办的效果好、反映专业特色，同时又不影响学生学业而发愁。2014年的3月，双方教师经过讨论和筹划，决定联手合作，尝试用"建造"的方式来搭建"创意文化节"的活动空间，既能在活动中体现本学院的专业特色，同时又能整合人力资源和经费，精简学生的活动类型，集中精力进行创作，寓教于乐，这或许是个双赢的好办法。

2.过程与组织

这一次的创意文化节"建造"共历时7天，活动地点是交大校园内的积秀园——一座有绿地、水池、曲径和大树的小景园。我们需要为建筑、艺术、媒体三个专业提供一个可以进行图纸、模型、投影等专业展示，并可供人游览活动的空间。

2.1 人员配备

5月初进行了师生人员的动员和组织。作为全院一年一度的特色文化节，人员的配置很齐备，由团委老师、学生会骨干和三名专业指导教师组成"核心工作组"。团委老师负责活动的总体策划、进度安排、经费管理和与校方沟通等；学生会骨干进行场地的规划设计、分项工作安排、学生组织和管理；专业教师进行技术指导并协助进行整体的策划。建筑学从一年级到四年级都派代表队伍进行了具体项目的建造（表1）。

人员组织情况   表1

人员	负责工作
团委老师	总体策划、总进度安排、经费管理、场地借用和安全管理
学生会骨干	场地规划、方案设计及落实、进度安排、学生的组织和管理、材料采购
专业教师	专业技术指导
各年级学生	完成各个分项工作

2.2 场地踏勘

场地踏勘，对于"建造活动"来讲，就是相看基地，根据积秀园中的自然条件和软、硬质铺地的分布，进行整体规划布局的构想，更重要的是寻找主体结构形式——用什么来做各建造项目的受力基础呢？"核心组"成员踏勘的结果是有三个可行方案：第一，在土质地面上进行挖掘，埋木桩、立基础；第二，通过结实的大树进行绳索类绑扎；第三，通过材料本身与其他重物连接成为浅埋基础。核心组成员对建造方式和可行的材料也进行了讨论。建造方式总结为：对原有环境破坏小，活动后可以完全恢复原貌；建造物本身具有质轻、安全、抗风的特点；艺术形式要有一定整体性。

2.3 材料选择与购买

材料选择方面，要综合考虑建造中的使用和建造后的储藏。在建造中既要能让学生用简单工具可以操作，同时又要具有色彩与材质的统一性，以便形成整体的艺术效果，呈现人工与自然环境的对比；同时还要考虑经费的限制。为了提高经济效益，同时也体现设计中的可拆卸重复使用的低碳概念，希望主材具有一定的标准规格，在使用过程中破坏小，建造后可以拆卸并占用少量存储空间，日后可重复利用。

综合以上条件，最终决定采用两种价廉物美，色调和质感匹配的材料——瓦楞纸和麻绳——作为主材，辅以木方和少量金属构件。5月15日左右开始采购材料。瓦楞纸的种类很多，有3层、5层、7层以及单面或双面粘贴牛皮纸之分。考虑到材料需要具备的硬度、操作时候的方便以及布展的尺寸要求，最终选定了河北廊坊出产的1cm厚7层双面进口牛皮纸1.8m高瓦楞板、1.4m×1.4m的5层瓦楞纸箱板，以及40×50×60cm的瓦楞纸盒三种素材作为主要材料，其余材料有海面胶、喷漆、粗细麻绳等。所有的材料和数量都由专业老师指导学生进行估算、数字核实和购买，并由学生会组织联系材料的搬运和装卸。

2.4 建造过程

从 5 月 17 日起，各个搭建区的同学入场开始进行搭建，工地上响起了叮叮当当的木作声，学生和教师的身影在每一个区域活跃着。建造的项目可以分为两类：一类是与课程内容相结合的；一类是课堂外的。与课堂教学相结合的项目设计充分，技术难度高，人力组织合理，成果有保障，在现场主要是处理材料、连接的具体问题。课余的建造项目设计短，内容大多以展示为主，更类似头脑风暴，对材料的使用和连接的方式具有更大挑战性；教师在课余也经常下工地进行指导，帮助解决技术上遇到的问题。由于是第一次进行"建造"尝试，师生遇到的问题非常多，从设计、实施到维护和人员组织都有。为了保证建造活动按时完成，学生骨干白天借课余时间参加搭建，晚上还组织人员轮流看守，最惊险的是在预报有雨的几日，老师和学生们一方面未雨绸缪，设计好防雨的方案，另一方面也密切关注天气变化，一旦遇雨，能确保及时进行对构筑物的保护，这样兢兢业业直到 5 月 21 日开展（图1，图2）。

3. 好创意

3.1 折板"立"墙

建筑学专业的主要展示区是陈设图纸和模型的展墙。为了符合人在垂直方向最佳视觉观察区域的尺度要求，选购了 1.8m 高、1.1m 宽的瓦楞纸板。但是如何让一片片的纸板可以"立"住，就需要进行建造的尝试和设计。学生用两侧的大树作为受力点，把纸板一片片穿插或绑扎在一起，再用麻绳连接到树干上。但是墙体越长，受风面越大，轻微的一点风就会让墙身东倒西歪。绳索和纸板连接需要开孔，而材料是 7 层双面牛皮纸，非常坚硬，用美工刀开孔速度很慢。在多次尝试后，偶然发现了一个简单可行的办法，即利用纸板上的一条压痕，在 300mm 宽处进行折叠，然后用麻绳进行捆绑。这样，纸板反弹的力量和麻绳捆绑的力量相互作用，一个板片变成了一个"L"形的空间结构（图3，图4）。由于纸板与地面的接触点从两个变成三个，放置的稳定性增加了，然后在纸板的背后捆绑重物以降低重心，增加抗风能力。同样的原理举一反三，把现场原需移走的一个果皮箱，用两片"L"型的纸板包裹后，成了非常稳固的一个独立引导墙，设置在入口处。因此，该设计整体比较有创意。

3.2 绿地上的"纸盒屋"

3.2.1 搭建

分配给四年级同学的，是个难题。在一片种满绿萝的三角地上，建造一个高耸的构筑物，形成两侧入口的标识和界定。为了更快地构筑起来，他们决定用 40×50×60cm 的纸箱来建造。构思了一个大体的想法之后，开始用箱子去堆积那个形，但是如何做基础呢？脚下都是绿萝，是不是和其他区域一样，用麻绳拴在较远的树上受力？这样尝试了一番，操作复杂而效果不理想。指导老师和学生们进行了讨论，如何"连接"是建造活动的核心，因此从形式出发的想法可能南辕北辙了，而应当从材料本身的衔接开始考虑。思路打开之后，几个同学立刻有了好的想法，把纸箱的上下两端开启板去掉，让每个纸箱变成一个板片形成的"空环"，它可以插立在绿萝之间的泥地上，形成一个不占用空间而且架空的"基础"。在"环"的四个

图1 用麻绳编织成的展示墙面

图2 建筑学专业的折板展墙

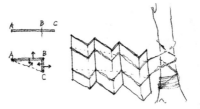

图3 折板"立"墙示意图

图4 折板"立"墙完成效果

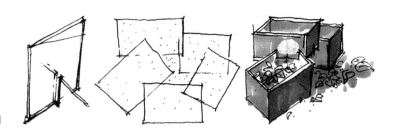

图5 "纸盒屋" 的示意图

图6 "纸盒屋" 的搭建过程及用余料做成的展台

图7 "纸盒屋" 在阳光下的光束效果

侧壁上开口，用以连接两个纸箱。去掉上、下两个面的纸箱从平面上看实际是个容易变形的平行四边形，因此可以利用叉口的位置，把它们固定成自己想要的形态。很快，一个由纸箱搭成的构筑物拔地而起。通过对虚实空间和不同道路方向形态进行调整，它成了一个有趣的"纸盒假山"，在底层的纸盒中，装满了生机勃勃的绿萝。而被整齐裁下的开启板，被叠加累积起来，成为一个模型的展台，物尽其用（图5，图6）。

3.2.2 观察

实地建造的学习中，需要在操作之后对空间和材料进行观察，有所发现之后再不断修改，形成设计的递进。构筑物搭好的第二天上午，师生惊喜地观察到阳光从最高端的盒子顶照入，穿过纸盒，投射到下一层的墙面上，形成了明亮的光束，好像开了一盏灯（图7）。光线反映了内部的空间形式，如果假以更多的时间，可以针对这个观察结果，在材料、空间的组织上进行更多的尝试和调整，比如有更多的悬挑形成更多的"灯"，或者对材料表面进行洞口或材质的处理等等，会出现很多更有趣的设计。这个过程就是在操作的过程中，不断地观察和思考，推动设计向前走。

3.3 建构与象征：两个亭子的命运

在该场地中央，最核心的位置是与室内设计课程相结合的两个"亭子"的建造。由于有2个月的课程做基础研究，因此设计和材料选购已经有了充分的准备。亭1是一座由木夹板杆件作为主要构件，由金属合页连接的曲面亭子，架构在园中小径上，其主要功能是"穿越"。作品的灵感来源于几何形态之间的变异与组合，想在一个平面上用三角形与六边形形成稳定构架，并形成曲面以增加稳定性和形态美，学生经过精确的计算与模型的制作之后，开始进行材料的采购和制作，开始设想的实木构件在现实的采购中受到经费的制约，改为胶合木板，基础为深埋木桩，材料表面刷清漆防雨。

亭2是一座由弧形密度板通过横向连接建造的"非线性"曲线亭子，主要的功能是"穿越和停留"。学生用犀牛软件做出电子模型，用grasshopper软件将其切片并编号（图8）。同时进行材料的估算以及采购，选用了 2400×1200×15mm 的密度板，约为60块。由于资金以及学院激光切割机切割尺寸的限制，每一片曲线板片又分为两块或三块，在加工车间切好后运到活动场地积秀园进行现场组装。基础方面另外采购了密度板，将其制作成筏板垫在凉亭底部，保证凉亭不直接与地面接触。最后在材料表面刷清漆完成防水措施。

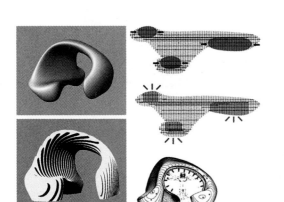

图 9 亭 2 完成效果

图 10 亭 1 完成效果

图 8 计算机辅助设计过程

图 11 亭 2 的连接方式

图 12 大雨过后的亭 2 已倾斜倒塌

亭 1 结构轻盈，构件连接合理，材料能经受短时间的户外温度和湿度变化，受风力的影响小；建造的逻辑清楚，建造方式决定最终形式，可以看作是"建构"的方式。亭 2 的结构厚重，重心低但是不均衡，连接方式比较薄弱，材料本身对温、湿度变化的抵抗力较弱，追求最终的美丽形式而忽视建造逻辑的合理，可以看作是一种"象征"的建造方式（图 9，图 10）。

从最初完成的效果看，两个亭子各有千秋，一个轻盈，一个优美，相映成辉，都吸引了大量的观赏者和赞美者。但是两个亭子的命运在不到一周的时间内就有了分晓：一场大雨过后，经过同样表面处理工艺的木亭（亭 1）依然"亭亭玉立"，而密度板的亭子（亭 2）则倾斜倒塌，成为一片废墟（图 11，图 12）。

4.总结

在建筑设计的教学中，"建造"是个比较占据时间、空间且关联面广的环节。这次与文化节相结合的建造活动开启了一个新的教学模式：把学生的活动和专业建设结合起来，"见缝插针"地进行材料和建造的尝试，取得了很好的效果。在对这初次尝试的反思中，总结了以下几点经验：

1）建造活动的目的要明确。建造是为了让学生体会设计从图纸到落实过程中的必经环节和问题，理解材料、工艺和节点在设计建造中的重要性，同时也接触到材料供应和切割的市场、技术、价格等。校园里的建造活动与真实的建筑施工终究会有距离，但是从原理上是相通的。比如在本次活动中，学生深刻体会到"风"和"雨"对一栋建筑的强烈影响，从而认识到结构体系和防水的措施在建筑设计中的必要性；再如，亭子建造组的同学都体会到了"形式"转化为具体的材料，并进一步转化为材料购买和加工的过程中，"形式"所受到的限制和影响。

2）对"连接"、"材料"、"空间"等与建造相关内容的观察和操作，需要在教师系统地指导下，才能让建造活动不仅仅停留在"玩儿"上，而是具有专业上的意义。因此虽然是与活动相结合，专业老师的指导也需要与授课一样进行必要的策划和准备。

3）建造活动要取得成功，需要合理地组织学生，充分考虑各年级学生的专业能力及学习的目的。高年级同学的设计理解力、思考的周密性比较强，能熟练运用计算机辅助制图，可以进行独立而复杂的工作，并且可以自己和材料供应商联系进行各个环节的组织；低年级同学在设计上的体会和理解还比较浅，应该在老师的指导下进行规范的建造训练，避免走太多弯路以致产生畏难的情绪。有些活动也可以由高、低年级的学生混合参与，学生之间取长补短，相互带动和交流，也是利用校园活动进行建造活动的一个便利之处。

建造活动非常得辛苦，收获也是极大的，正如学生在感想中写道："当我们看到自己制作的凉亭真正地与人有交流的时候，从心底深深地感到一种欣慰。人们在其中穿梭、拍照留念的时候，其实是这个凉亭最美好的时刻。对于我自己，我认为还缺少作为建筑师的基本素养——事无巨细的考虑。制作的过程中没有考虑到的细节，都会成为施工过程中的隐患。总而言之，我认为当建筑师首先要当一个工匠。当你真正深入到施工和搭建的过程当中去的时候，你才能真正感受到设计从脑海中转移到现实世界的过程，你才会真正了解做设计的深度。当你看到自己的作品真真切切地伫立在自己眼前时，那种喜悦的确是无与伦比的。"

（项目资助：2015年北京交通大学校级教改项目"基于工作室制度试点的'设计与建造'教学改革研究"资助）

参考文献：

[1] 姜涌，包杰，王丽娜 . 建造设计——材料、连接、表现 : 清华大学的建造实验 [M]. 北京：中国建筑工业出版社，2009.
[2] 顾大庆，柏庭卫 . 建筑设计入门 [M]. 北京：中国建筑工业出版社，2010.

作者：程力真，北京交通大学建筑艺术学院建筑系　讲师；薛彦波，北京交通大学建筑艺术学院艺术系　副教授

低年级建筑设计课程中的
文本阅读

袁园　陈静

Text Reading in Low-grade
Architectural Design Courses

■摘要：在建筑设计课程中，学生除了要接受老师指导型的学习，通常还需要进行自我发现型的学习。这种发现型的学习可以是一种通过对于建筑文本的阅读、记忆、想象以及思考，并在此过程中完成理解力提升和批判性思维培养的学习。本文分析了将文本阅读加入低年级建筑设计课程中的价值及选择，并以瑞士苏黎世联邦理工学院低年级的建筑设计课程为实例，探讨如何在设计课教学中实施文本阅读。

■关键词：建筑设计教学　文本阅读　批判性思维

Abstract：In the architectural design courses, in addition to instructor—based learning, students need to conduct self—discovery—based learning as well. This type of study can be realized through the reading, memorizing, imagining and thinking of architectural texts, during the process one's comprehension and critical thinking abilities could be enhanced. This paper analyzed the value of adding text reading into the low—grade architectural design courses and the selection of the readings, then taking the ETH junior architectural design courses for instance, discussed how to implement text reading in the teaching of architectural design.

Key words：Architectural Design Teaching；Critical Thinking；Text Reading

1.建筑设计课中文本阅读的价值

　　一个低年级的建筑系学生走上建筑之路，他对于建筑的认知主要通过三个途径：首先是真实的建筑，行走在空间变化的美术馆中，置身于充满活力的城市广场上，真实的建筑空间及场所将调动一个人的所有感官来认识它、感受它，甚至在夜市中弥漫的食物香气也会让他们明白，如何去捕捉人们共同记忆中的一个城市空间特征；其次是二维图像化的信息，众多设计资讯网站每天都在更新全球各地的建筑设计方案、建成作品，建筑杂志则有每期精心策划的专业主题讨论，又或是纪录片、电影中的建筑，图像建筑已经成为这个读图时代中了解建筑的必要手段；第三，建筑还存在于文字中、人们的言论中。建筑师通过作品集、演讲来传达他们的建筑思想，建筑理论学家、评论家更是通过文字来思考建筑，以及建筑以外的相关文学艺术作品，这些意象中的建筑则是深度认知建筑所必需的。

当前，面对可以随时在各种媒体上获取海量信息的建筑系学生，教师在知识上的压倒性优势已不再显著。与此同时，双方可能会忽视的是，泛滥的资讯其实阻碍了学生理解力和批判性思维的发展。"他们直接将包装过后的观点装进自己的脑海中，就像录像机愿意接受录影带一样自然。他只要按一个'倒带'的钮，就能找到他所需要的适当言论。他根本不用思考就能表现得宜。[1]"这句话是1972年版的《如何阅读一本书》中作者用来描述现代媒体对美国社会所造成的影响的，放在当下建筑系学生的身上仍然很贴切。所以，他们所经历的建筑认知要想真正转换为设计学习时的动能，如同阅读的艺术一样，需要"敏锐的观察、灵敏可靠的记忆、想象的空间，再者当然就是训练有素的分析、省思能力[2]"。具体到建筑设计课程的学习上，设计到底应该怎么做并如何向前推进，需要学生对所面临的建筑设计问题有准确的理解并知道如何去思考这些问题；而他们的麻烦就是，缺乏思考建筑的经验和手段。当然，他们可以通过设计课老师的亲身传授和自己的观察获得一些满足，但对于现在个个聪明又充满好奇心的学生来说，这些显然还是不够的。除了老师指导型的学习，他们还需要自我发现型的学习：一种通过对于建筑文本或意象中的建筑的阅读、记忆、想象并思考，来不断追求理解力和批判性思维的学习。

自我发现型的学习对于初次接触建筑设计的学生来说并不陌生。他们在早期教育中所获得的阅读能力将在大学的学习中被延续并且应该被提升。目前，大多数的低年级建筑设计课程，除了一到两次的大课讲授、设计任务书讲解及先例解析外，再无额外的文本阅读。让人遗憾的现实是：阅读技能的退化已经几乎成为建筑系学生的集体病症。面对一个设计方案只看图，连几段设计说明文字都无法静下心来读完。虽然ABBS上的Nomad老师以及豆瓣网上的城市笔记人老师，都为建筑系学生列出了详尽周到的书单，但能够进行自主阅读的学生却越来越少。从图案、抽象的符号到文字，信息的承载变得更加准确、更具深度；而一味依靠图像传递信息的建筑学习，将很可能导致学生得不到深度思考的锻炼；如果没有阅读过深刻的文字，就很难了解如何能够做到这样的思考并将思考表达出来。所以，低年级的建筑设计教学中需要加入文本阅读，它是学生认知建筑的必要手段之一；同时，阅读本身也是一种需要练习并养成的习惯，对于建筑文本的思考性阅读

更是要在身体力行中才能被掌握。

2.阅读哪些"文本"？

文本的英文是"text"，狭义来讲，文本就是一段文字，而汉字中"文"与"纹"的同源关系，从"纹"到"图案"到"符号"，使文本的外延被极大拓展；广义的文本可以是文献，也可以是图像、图解[3]。所以在广义的文本阅读范畴中，形象的、意象的建筑都应该成为建筑系低年级学生阅读的对象。鉴于图像建筑的阅读已经成为阅读的主流，本部分所要集中讨论的对象将是狭义文本，即建筑文字的阅读。

本文所关注的建筑系低年级学生的文本阅读与具有设计理论课程支撑的三年级以上学生的文本阅读不甚相同。换句话说，即低年级的文本阅读和建筑理论的阅读是有区别的：建筑实践中存在着大批像赫尔佐格与德梅隆、弗兰克·盖里这样与建筑理论不太沾边的建筑师。即便是这些"拒绝"理论的实践建筑师也绝对不会停止对建筑的思考[4]。所以低年级文本阅读的对象要能够将思考建筑的不同形式都包括进来，选择与建筑实践关联性高的文本，让学生能够相对看得懂的文本[5]。虽然这样的文本阅读并不直接回答具体的设计问题，但恰当的文本选择将会带领学生了解建筑师、建筑理论家思考建筑并运用其智慧来实践思考的过程，强调的是引导学生自主思考问题及批判性地学习。所以，适合低年级阅读的文本，笔者拙以为可以大致分为以下三类：

(1)"第一手"资源

目前，大量建筑设计、建筑理论书籍的翻译出版，已经打破了原本只能通过教材课本进行建筑文本阅读的局限。无论是建筑设计课还是建筑理论课，都应该积极地去利用这些建筑理论家、评论家以及建筑师的第一手文字；并且根据设计课程的设置，为不同阶段的主题选择相应的文本作为课程读物。例如"材料与建构"这个课程环节，除了进行与设计任务类型相似的先例研究外，还可以通过肯尼思·弗兰姆普敦的《建构文化研究》一书中对于六位现代主义建筑师的个案研究，来换个角度理解"建构"的含义。此外，建筑师的文字与作品集相较于理论的文字则显得更加平易近人，例如卒姆托、库哈斯、斯蒂文·霍尔、墨菲西斯建筑事务所、隈研吾，建筑师的自述将他们对于问题的发现、思考及应对娓娓道来。如果能将文本阅读与设计课的训练恰当结合，让学生带着问题去阅读，然后通过自己的设计来学习，这将会使学生从理论及实践两个视角，同时展开对一个问题的关注和研究。

(2)专业语汇

低年级的建筑设计训练中，随着建筑问题的复杂化，学生需要不断消化新的专业概念。对于这些

概念慎重、精确的文字解释，不仅会让学生清楚地了解特定名词的建筑学含义，而且能够让他们更准确地表达自己的想法，并与老师在同一个专业语境下沟通、彼此理解。所以，当城市的容貌由不同历史时期的建筑叠加而成，而我们如果不去处理建筑与文脉的关系，将很难确立一个特定场地上的建筑身份，那么对于"场所"、"场所精神"、"文脉／语境"的理解，将成为对问题做出合理分析的前提。又如"空间分化"这个概念，若不进行文本的解释并举例说明，学生很难单单从表面字义来理解如何以空间为起点，合理分配基地内的空间资源，以及它与"功能分区"这个概念的区别。所以，通过"文本的阅读才能获得相对准确的信息与严谨的认识，以避免一种模糊性的或口号式的学习状况[6]"。

（3）专题会话

会话（discourse）是口头或书面的对于某个问题所进行的正式讨论，意味着多位讨论参与者可能会持有多样化的观点，这将挑战学生对于设计的解答非黑即白的思维习惯，也给他们呈现出思考问题的多角度、多维性。例如，2002年建筑评论人朱涛在《时代建筑》上引发一个有关"建构"的讨论，他在文章中对建筑师刘家琨所设计的鹿野苑石刻博物馆的墙体做法提出异议。他认为墙体的混凝土外皮已经成为一层表现混凝土现象学特征的装饰性外皮，使得"清水混凝土"建构的本体作用与其表现意义产生了分离。随后，刘家琨在其出版的《此时此地》中回应了朱涛的批评。2003年同济大学教授彭怒在《时代建筑》上又对鹿野苑所引发的"建构"争论做出了一些更细致的探讨[7]。所以，设计课的老师如果能够搜集整理与课程相关的主题会话，让学生完成一系列会话阅读后，再进行课堂讨论，这样不但能够加深学生对建筑问题的认识深度，还能训练他们对于建筑问题研究、评价及思辨的能力。

3.建筑设计课中如何进行文本阅读

该部分内容以瑞士苏黎世联邦理工学院（简称ETH）建筑学本科一、二年级的建筑设计课程为例，来说明文本阅读是如何介入到设计课教学中的。

ETH建筑学一、二年级的建筑设计课程的基本结构均是由一系列的练习所构成，授课周期均为一整年，即秋季、春季两个学期所进行的课程设计训练内容是连续的。一年级的设计课程，每学期授课12周，每周6个课时一天内完成。每次设计课当天的早晨8点至10点，会进行与设计课同步并且内容相关的授课式课程讲座[8]，之后是1个小时的针对前一周所阅读文本进行的小组讨论。在整个学期设计课程的时间跨度中，还会贯穿一系列主题丰富的横向讲座。一年级秋季学期设有3个主题共12个练习，春季学期设有2个主题共5个练习。所有训练均沿着同时展开的两条主线来进行：一条是关于"如何"（How）的问题，注重建筑设计的步骤、工具、技能和方法，它们可以是一个图解、一个平面、一种做模型的特定技巧、一种组织策略或者一种空间限定的方法。这些操作策略总是隐含着某些概念在其中，由此引出另一条主线，则是关于"为什么"（Why）的问题。即每一个练习除了配合的授课式讲座外，都会提供一个就想法、概念或理论进行讨论的平台，这是一个通过学生所阅读的文本而发起的对话。这些被明确选出的文本，目的就是来培养学生的思辨能力和批判性思维的[9]。整个一年级的设计课内容及具体的主题讲座题目和文本阅读内容经笔者整理后如表1所列[10]。

瑞士苏黎世联邦理工学院一年级建筑设计课 表1

课程阶段		练习名称	授课式课程讲座题目	文本阅读及讨论	
秋季学期	空间	第1周 想象一个空间（折叠与展开）	设计作为一种方法	Pual Feyerabend, *Against Method* 前言和第1章	一系列贯穿整个设计课程的横向讲座
		第2周 探戈表演（中介的空间）	空间的原理	Colin Rowe/Robert Slutzky, *Transparency* 第1—2章	
		第3周 开放的文本（解释性的空间分析）	物理上的和概念上的透明性	Robert Venturi, *Complexity and Contradiction in Architecture* 第1—3章	
		第4周 空间的集合（从物体到领域）	多样统一	Umberto Eco, "The Poetics of the Open Work"	
	功能规划	第5周 规划记录（日常生活中的明信片）	图解规划	Michel Foucault, "Of Other Spaces" (lecrue 1967)	
		第6周 多维分区（理清分类）	形式和功能	Deborah Fausch, "Ugly and Ordinary. The Representation of the Everyday"	
		第7周 一台运动机器（流动的空间）	动态空间	Bernhard Tschumi, "Spaces and Events" in: *Architecture and Disjunction*	
		第8周 分层的设计图（从图解到地图）	混合用途	Roland Barthes, *The Eiffel Tower, and Other Mythologies*	
	技术	第9周 结构 vs. 结构（具体的抽象）	形式 vs. 结构	Adolf Loos, "The Principle of Cladding"	
		第10周 表皮（表层包裹）	深层结构 vs. 表层结构	Anthony Vidler, "Unhomely Houses" in: *The Architectural Uncanny*	
		第11周 细节中的故事（显微镜下的建筑）	隐藏的空间	—	
		第12周 一个反馈环（从过程到产品）	—	—	

课程阶段		练习名称	授课式课程讲座题目	文本阅读
春季学期	环境	第1周 转瞬即逝的制图（分离出的地形）	城市X—平庸的城市	—
		第2周 城市层次（理解和创作）	传统的城市	由小组决定
		第3—5周 集体的复写本（城市的时间流逝）	现代的城市／后现代的城市／后城市化的城市	由小组决定
	形式	第6周 规划设计（创造环境）	关于Herzog&de Meuron	由小组决定
		第7—12周 建筑（回归处理）	关于Jean Nouvel／关于Lacaton Vassal／关于OMA／关于MVRDV	由小组决定

大致了解表 1 中的内容后，让我们进一步分析一下其中的文本阅读与课程练习之间是如何相互配合的。秋季学期第一个主题即前四个练习的重点是空间的概念，这些练习通过不同的媒介进行空间的想象、体验和创造，以此来研究空间形成的不同方法和技巧。练习 1 的任务是要培养理解抽象空间的能力，要求学生想象一个可以用三个形容词来描述的空间，并在纸的折叠和展开的过程中将空间创造出来；练习 2 中学生需要观察探戈表演中两位舞者之间不停变换形状的空间，这里空间被看作一个需要我们去体验的现象，对于动态空间特点的捕捉最终会呈现在学生的建筑模型中。学生在学习建筑学科的相关工具和方法的同时，还被鼓励去大胆地质疑和挑战这些已有的规范，形成一种自主性的反思。这与传统意义上建筑学一年级教育所担当的角色是有冲突的。学生们会在第 1 周阅读 Paul Feyerabend 的《反对方法：无政府主义知识论的纲要》，这是他们首次参与到建筑学科内的方式、方法的讨论，讨论被导向去理解一种可能性，一种在狭隘的学科自治和散漫的浅尝辄止这两种极端情况之间来操作的可能性；练习 3 的重点是对建筑空间结构的解读，通过分析一个给定的建筑平面，将其作为一个抽象的智慧结晶来理解，并用分析的内容来解释学生在练习 1 和练习 2 中的作品组合，所以如何去解读平面从某种意义上决定了学生设计中的空间特征。Colin Rowe 和 Robert Slutzky 的《透明性》作为辅助的阅读文本，不仅呈现了建筑中不断变化的空间界限，还引入空间渗透和对空间的一种相对理解；练习 4 转向了建筑空间的多元性。将之前练习中完成的作品进行比较，它们不再是独立的个体，有着不同渊源的各个部分被组成了一

个全新的整体。练习的开始可以描述为"一把雨伞和一台缝纫机在手术台上的不期而遇"，随后各种元素相互融合、发生变异并实现聚合[11]。所以当研究多元空间时，Robert Venturi 的《建筑的复杂性和矛盾性》将会让学生对于组合空间的形形色色，以及多变与差异的融合、统一有更深的理解，而不再只是单纯的形式分析。

二年级设计课程每学期授课 12 周，每周 12 个学时分两天完成。同样每周会有一次配合设计课的授课式课程讲座。目前二年级的设计课，同时设有三个教授工作室，其中由 Dietmar Eberle 教授主持的工作室题目为"从城市到建筑"。他们认为任何缺乏对社会文脉理解的建筑思考都只是停留在形式上的思考。因此工作室依据建筑相关要素的预期寿命分配权重并依此排序，分别进行场所（Place）、结构（Structure）、表皮（Surface）、功能规划（Program）和材料（Material）五大主题的练习。每一个新主题的加入，都会与之前的主题一起进行综合训练，即单项分解练习后会加入汇总练习。并且每一个练习都分为城市和建筑两个层面进行。其中关于文本的阅读，由 ETH 其他几位教授所撰写的主题文章，以及授课式讲座和横向讲座都与一年级的设计课程具有相似性；不同的部分是，二年级的每个练习中，老师都会带领学生审视并清晰定义一些与训练主题相关的概念，学生因此不仅掌握到一系列他们可以在演示和讨论建筑时所使用的专业语汇，更是增进了自己的建筑认知深度。二年级设计课程的内容以及具体的专业概念、阅读文章题目请见表 2[12]。

所以，如果综合来看一、二年级设计课中所涉及的阅读内容，就可将它们分为广义的和狭义的文本阅读两大类。授课式主题讲座与贯穿整个

瑞士苏黎世联邦理工学院二年级建筑设计课 表 2

课程阶段		练习名称		专业概念学习	文本讨论	横向讲座主题
秋季学期	第 1-2 周	场所	授课式课程的讲座主题与练习内容相配合	场所精神 / 文脉 / 场所 / 城市体 / 非场所 / 空间之间：间隙	Peter Thule Kristensen, Cool Contextualism	支承结构 历史保护 功能 功能规划 模型制作 景观建筑 摄影 艺术
	第 3-4 周	结构		密度 / 出入口设计与流线 / 秩序 / 结构 / 建构学 / 支撑框架	Ute Poerschke, Architectural Structure	
	第 5-7 周	场所＋结构		等级系统 / 同质性与异质性 / 基础设施 / 形态学 / 公共空间 / 广场 / 地形学	—	
	第 8-9 周	表皮		元素 / 立面 / 表皮 / 构成 / 比例 / 韵律 / 对称	Bettina Kohler, Shell	
	第 10-12 周	场所＋结构＋表皮		特征 / 概念 / 模度 / 过程 / 类型 / 类型学	—	
春季学期	第 1-2 周	功能规划		适应性 / 用途 / 组织 / 功能规划 / 系统	Kenneth Frampton, Untimely reflections on the role of the programme	
	第 3-5 周	场所＋结构＋表皮＋功能规划		建筑模式 / 走廊建筑 / 穿套式 / 门厅式 / 庭院式 / 中央走道式 / 内街	—	
	第 6-7 周	材质		气氛 / 光线 / 材料 / 表面 / 绿锈 / 氛围	Philip Ursprung, Concrete and the unconscious of Swiss architecture	
	第 8-11 周	场所＋结构＋表皮＋功能规划＋材质		—	—	

设计课期间的各类丰富多彩的横向讲座，都是以图像、图解、标题式文字及老师的讲述为主体的广义文本阅读。有时讲座会突然停下来，学生被要求进行一些短时间的练习，例如根据电影《夜都迷情》中的画面来尝试绘制图解，以展示影片中各种空间和位置的移动，或是将一个三维物体展开成二维的平面，形成一张可以清晰表达折叠和切割等必要信息的图纸。一年级春季学期的最后几场讲座，是由几位助教来介绍一些知名建筑事务所的最新作品，以期建立起建筑实践与教学之间的联系，让学生了解当代建筑领域内热议的话题、比赛和建筑项目。而需要学生主动阅读的建筑文本以及相关专业概念的解释，则当然属于狭义文本阅读的范畴了。再配合上就阅读内容展开的课堂讨论，不仅会让学生在发言的压力下认真阅读文本，更是给了他们一个可以互相学习的好机会。

4 .结语

ETH 低年级教学中的这种练习式教学方法与我们一般所进行的直接从设计出发的建筑设计教学略有不同。在相信建筑是可教的前提下，练习式教学将复杂的设计过程分解为一步一步的训练，后一个练习在前一个练习的基础上变化递进，承前启后的关系将建筑设计是一个变化着的过程真实展现。这样的教学方法呈现出合理的、透明的和可被理解的系统性，同时也向学生提供了能够胜任设计的基本知识。所以在这样的教学模式下，文本阅读的内容选择会更加明确。当然，这并不代表直接从设计出发的教学就不适合文本阅读的介入，只是需要授课教师将每个设计阶段的目标制定得更加清晰，要有一定的主题，而不是简单划分一草、二草，这样就会更容易梳理出学生在每个阶段所要阅读的文本。此外，如果将文本阅读扩展到广义的范畴，包括各种相关主题的讲座，将对教学资源和教师的配置提出更高的要求，所以实现设计课程中的文本阅读不可能只是依靠一、两位老师的努力，而是需要整个教研室或年级教学组在数年的通力合作积累下才能实现。

注释：

[1] 莫提默·J. 艾德勒，查尔斯·范多伦. 如何阅读一本书 [M]. 北京：商务印书馆，2010：8.

[2] 莫提默·J. 艾德勒，查尔斯·范多伦. 如何阅读一本书 [M]. 北京：商务印书馆，2010：16

[3] 陈旭东. 文本和装置 [J]. 时代建筑 . 2014 (1)：70.

[4] 王骏阳. 理论何为? ——关于理论教学的反思 [J]. 建筑师 .2014 (1)：8.

[5] 青峰，范路. 回归实践——在建筑理论教学上的一些探索 [J]. 建筑创作 . 2012 (8-9) // 建筑师茶座：4-7.

[6] 卢永毅主编. 建筑理论的多维视野 [C]. 北京：中国建筑工业出版社，2009：12.

[7] 许殇. 鹿野苑石刻博物馆一、二、三期解读. http://www.douban.com/note/203718175/

[8] https://studium.arch.ethz.ch/Studienangebot/BachelorInArchitektur,Studienplan

[9] ANGELIL M, HEBEL D. *Deviations: designing architecture a manual* [M]. Basel：Birkauser Verlag, 2008：19.

[10] 马克·安吉尔尔，德尔克·黑贝尔. 欧洲顶尖建筑学基础实践教程（上·下）[M]. 天津：天津大学出版社，2010.

[11] 马克·安吉尔尔，德尔克·黑贝尔. 欧洲顶尖建筑学基础实践教程（上·下）[M]. 天津：天津大学出版社，2010：39-157.

[12] EBERLE D, SIMMENDINGER P. *From city to house a design theory* [M]. Zurich：Gta Verlag, 2010.

作者：袁园，西安建筑科技大学助教，同济大学在读博士；陈静，西安建筑科技大学　副教授，建筑设计教研室（一）　主任

基于人文特色的建筑设计课程教学体系研究

——以大三教学为例

王炎松　黎颖

Based on Humanistic Characteristics of Architectural Design Course Teaching System Research——Junior Teaching as Example

■摘要：建筑设计需要并且能够实现对人文特色的表达。本文在总结武汉大学建筑学三年级的教学实践经验后，对基于人文特色的建筑设计课程教学体系进行深入研究，提出建筑设计应充分考虑自然环境和社会需求，通过融合地域特征和传统元素来展现人文内涵。武汉大学建筑学三年级的教学实践积极探索人文特色在建筑设计中的转换，通过土家族乡土民俗博物馆、主题式聚落更新等设计课题，引导学生探索与思考如何通过空间的变化、形体的组合以及文化元素的提取，实现建筑对人文特色的表达。

■关键词：人文　建筑设计　课程教学

Abstract：Architecture design needs and can realize the expression of humanistic characteristics. At the conclusion of Architecture third grade teaching practice of Wuhan University, and through architectural design teaching system in—depth study, put forward that architecture design should take full account of environment and social needs, to demonstrate the connotation of humanities by the integration of geographical features and traditional elements. The teaching practice of Wuhan University actively explore the conversion of humanistic in architectural design, by Tujia local folk museum, theme settlements updating design subjects, thinking about how to guide students to explore the changes through space, the combination of forms and the extraction of cultural elements, and achieve architectural expression in humanistic.

Key words：Humanistic；Architecture Design；Course Teaching

1.背景与意义

21 世纪的今天，在建筑设计思想跟随人类经济、文化的发展而经历了漫长岁月的调整与变迁后，人们又开始重新思考——什么是真正好的建筑设计？

经历了古典主义、现代主义、后现代主义等不同时期的设计思潮更替之后，大家发现这些思潮仿佛时尚界的风向标，深刻影响着建筑设计师与居住者的行为、审美、空间印象及心理状态。然而，建筑设计中的真正的人文特色到底体现在哪？

人文就是重视人的文化，人文具有历史性、地域性，包括重视人的文化的形式、内容等。而具有人文特色的建筑是拥有时代的烙印且具有所处地域特点。

现代经济和科技的发展使得地域之间交通方便，文化交流频繁，而地域文化却流失严重，显得越来越浅淡和模糊，城市之间千篇一律，建筑也缺乏特色。吴良镛先生指出，"在一种世界趋同或一致化的现象下面，民族的传统文化特色面临着失去其光辉而走向衰落的危险，建筑文化表现更为强烈"。建筑创作中对人文特色的诉求越来越强烈，这也要求我们对建筑学设计课程进行系统的人文特色教学的探索和完善。

2.人文主题的建筑设计教学指导思想与目标

国内高校关于建筑专业课程的相关教学体系研究，主要集中在以下几方面：从建筑设计表现、思维训练、设计实践为支点串联能力训练模块，采用多种教学手段培养学生的创造性思维、设计基本能力和专业素质（建筑设计基础教学改革的研究与实践，2011）；从技术规范和技术知识角度对生态建筑、数字化建筑等设计方法的探索（建筑·生态建筑·数字生态建筑，2005）。

建筑设计是创造性的活动，设计规律和方法并未有固定的模式。建筑规范和现代化的技术可以通过学习掌握得以应用，具有人文特色的建筑设计却难以简单复制创作。国内外文化背景存在较大差异，而当前刻意模仿国外的流行风潮，导致我国地域文化在建筑上的表达未得到应有的重视。并且，国内高校在引导学生基于人文精神、地域文脉进行建筑创作与表达的建筑教育方面，尚未形成成熟的理论体系和教学模式。

武汉大学建筑学建筑设计专业课程教学突显人文优势，努力打造建筑专业人才培养的特色培养方式，不断吸收先进理念的建构自身教学体系，在教学模式上进行更新、教学方法上进行创新，积极探索地域建筑特色的设计方法，突出人文主题的建筑设计教学目标。

2.1 指导思想

基于人文特色的建筑设计教学体系中，将人文精神、地域文脉作为建筑设计教学的指导思想。教学体系研究中注重建筑设计人文特色教学理论的更新、完善和与时俱进，关注国内外最新的教学成果，尤其是人文特色在建筑表达上的理论研究，积极吸收先进教学理念的同时，不断探索适

合中国本土化文化建筑的表达方法，推进中国地域文化建筑设计理论与实践的研究。

教学实践过程中，对于设计课题的确立、建筑基址的选取，围绕如何将人文背景融入建筑，秉承"以人为本"的理念，培养对人性尺度的理解与关注，探寻文化建筑设计的方法和规律。引导学生在现代建筑创作中增添地域人文认知、文化特征表达和关注人性尺度，全面培养学生对于建筑人文内涵与形体空间表达转换的能力，逐步走向设计语言表达的自由。从立意、基地环境处理、组织空间序列等环节将文化内涵与形体空间转换与表达融会贯通，全面提高学生的建筑设计能力，达到符合现代建筑的创作趋势又具有建筑的人文化表达的要求。

2.2 教学目标

武汉大学建筑设计课程改革依托武汉大学深厚的人文底蕴和作为综合性科研、理论研究名校的优势，打造出具有人文特色的武汉大学建筑学教学风格。

1）构建出一套完整的以人文特色为目标的建筑设计主题式教学体系，包括教学大纲、教学计划，教学内容等。

2）在教学过程中形成人文特色的教学模式。在建筑设计教学过程中，不断践行建筑设计如何实现文化表达，组织学生体验有浓郁人文地域文化特色的建筑基址，激发创作激情，注重人性尺度，充分考虑社会和使用者的需求。

3）在教学过程中形成对人文设计表达的指导手段。在主题立意、环境解读、形体组织、空间营造、功能布局、造型表现等设计过程中，将文化转换与表达的方法和手段融会贯通、统筹兼顾，掌握文化建筑设计的方法，激发设计灵感和创造活力，全面提高学生的设计能力。

3.实施方案

3.1 制定教案

反复总结大三教学实践经验，教师科研团队构建出一套以人文特色为目标的建筑设计课程主题式教学体系，包括教学大纲、教学计划，教学内容等，制定出适合培养具有深厚人文底蕴的专业高素质人才的教学方案。

3.2 制定题目

建筑学三年级上、下两个学期设计课的设计题目，都给定了真实的基地环境，如建筑设计（一）的"土家族民俗陈列馆"选址在恩施州彭家寨；建筑设计（二）的"珞珈文化研究中心"选址在校园内珞珈山麓；建筑设计（三）的"历史街区中的图书馆"选址在武汉市的著名的历史街区昙华林；建筑设计（四）的"古村落更新"选址在浙东四明山区。

设计题目所选的基地环境，绝大多数是可进行实地考察地段，其中"珞珈文化研究中心"和"历史街区中的图书馆"选址在学生生活的校园和武昌区内，便于学生在设计过程特别是前期调研中可以实际感知地形环境，亲身体会基地所处空间的人文特色；第四个设计题目以浙东四明山为设计背景，大二暑期刚结束的古建筑测绘实习就选在浙东四明山区，学生对当地环境已经留下深刻的印象。通过针对不同的基地环境进行设计，引导学生建立起对建筑的人文特色的认知，并在建筑设计中灵活地转换实现。

3.3 人文特色在建筑设计教学过程中的转换

（1）主题立意

立意即确立创作主题。在建筑设计创作中，立意是指根据建筑所处特定环境、特定时代、特定展示内容所选择的切入点。因此，立意的落脚点影响着整个设计的发展方向，决定建筑设计内涵层次的高低。

在建筑设计中，具有人文特色的立意可谓点亮建筑灵魂之光。如何才能确立具有人文特色的主题立意？这就要求学生全面、深入地研究当地的文化思想与地域特征，体会当地的人文特色，将特定的文化思想或元素转换为设计中的形态空间。

设计立意着手的人文元素可以是具体的物象，如土家族极具特色的吊脚楼，土家的民族服饰，土家传统织锦西兰卡普……如学生作业"可移动·干栏"（土家民俗陈列馆设计），通过结合土家吊脚楼"挑廊"、"干栏"这两个特征，提出了"干栏"和"可移动"的设计立意；人文特色也可以从抽象的元素中汲取，包括地域所特有的诗词、戏曲、书法、绘画等传统文化，如学生作业"竹径禅踪"（珞珈文化研究中心设计），通过对珞珈人文精神的领悟，选取传统文化中禅宗思想和竹林的幽深意境，在曲径通幽、峰回路转的场景中，体会空间布局中场景的渲染和层次的递进。

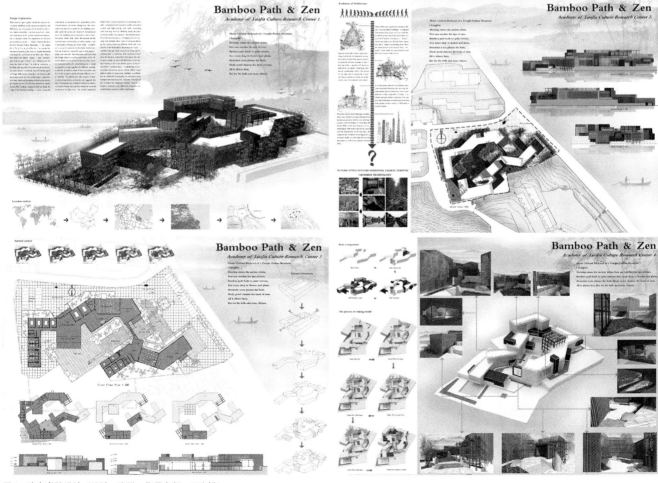

图1　珞珈书院设计（设计：张歌；指导老师：王炎松）

（2）环境处理

富有特色的环境因素，包括地形地貌、景观朝向、道路交通、周围建筑以及所处的文化背景等都可能成为建筑设计的启发点和切入点。对于不同的自然条件和人文环境，建筑的处理手法也相应地多变，用轴线、用轮廓、用开合、用材质、用色彩、用形态去呼应和融入基地所处的环境。

对于土家民俗陈列馆设计课题中的环境处理，如何在给定的基地环境内处理与原有村寨的空间关系，如何融入周围的自然环境，如何呼应场地原有的土家文化氛围是该设计的基地环境所提出的挑战。从总平面开始入手，综合考虑对场地的处理，进行积极的设计，使得环境的处理手法具有整体合理性。有些学生在有限的基地面积内，选择充分尊重给定基地范围、轮廓、高差、出入口等约束条件，充分借用场地地貌特征，以环境背景中的"山"为契机，发散出"山路十八弯"、"游走山石"等设计理念；有些学生则选择抓住场地内蜿蜒流淌的小溪，采用"水样流动的布局"进行总平面设计和青花韵味的建筑设计来呼应宁波地区的黄酒文化。

（3）序列组织

确定了主题立意和基地环境的处理方式后，设计通过推敲空间序列的组合来体现建筑的文化内涵。空间的序列组织指建筑的多个不同空间的组合方式，可以运用轴线排布、院落空间组织、迂回循环形式展开设计，形成一系列的空间层次和秩序。同时，串联和组织空间序列的流线设计讲究起承转合和悬念设置，将空间前后递进和转折变化融进功能布局里。

在土家民俗陈列馆设计中，老师引导学生结合自身的想法将建筑体块依据地形、功能分区等进行解构，在流线的引导下不断推进，充分运用建筑空间组织的序列层次、虚实、转折等方法。设计中可以将主要空间、辅助空间以及交通空间分置在不同的体块之中，分离却不分散，将空间层次逐渐推进，使得建筑各部分空间有机和谐的存在，更深一层次的能够传达设计者的感情，展现建筑自身的人文特色。

（4）内涵升华

设计不断进行研究和推敲，建筑的形体、空间、功能、流线逐渐得到完善，在不断地斟酌中，文化内涵的传达也进一步融入建筑的设计之中。设计中对于文化内涵的阐述并不是简单地将文化符号和概念僵化地附着在建筑上，而是融入建筑的空间布局、肌理表皮以及材料工艺，与建筑整体有机融合与升华，传达出"有意味之形式"，而绝非为"形式而形式"。

在"山水印"（四明山村落更新设计）中，学生发觉场地所在溪谷河床上裸露的石头造型独特、质地优良，发散联想并提出中国古代印章的概念。通过借鉴书法印章的章法来组织总平面布局，结合宁波地区的"巷院"空间，推演出灵动的总平面布局和丰富的空间形式。学生在外部环境设计中将山水环境引入场地，营造出山水间错落有致的意境，环绕素淡的白墙黑瓦建筑，仿佛中国传统山水画中的浓墨淡彩。在正图表现中，图面选取了中国传统的宣纸颜色作为统一底色，三条竖向卷轴以及山水渲染效果，将设计的人文底蕴更加淋漓尽致地展现出来。

图2　古村落更新设计（设计：郗晓阳，习开宇，周青；指导老师：王炎松）

3.4 效果检验

在教学中，老师将课程时间跨度划分为前期资料收集、中期设计构思、后期成果完善三部分，控制学生课程学习进度。同时，对学生的中期、末期两次设计成果进行全年级联合评图，对教学成果公开进行检验。

4.课程基础与保障

4.1 确定人文特色为大三建筑设计教学主题

通过一、二年级的基础训练，大三学生已经基本掌握了建筑空间的设计和功能布局的方法，具备进行人文特色建筑设计训练的基础。

建筑学专业三年级的建筑设计课程，在本科专业学习中起到承上启下的重要作用，将其定位为基于人文特色的建筑设计教学与训练，依托武汉大学深厚的人文背景来更新传统教学模式，突出人文特色，引导学生重视文化，培养学生利用建筑语言对人文思想、地域特征和人性尺度的表达能力。

武汉大学建筑学三年级设计教学确立"建筑与文化"主题，将建筑创作怎样实现人文特色的诠释及文化内涵的表达，在建筑设计中充分体现人的使用诉求、审美需求，关注人性尺度、尊重人的感受等当作教学目标，培养具有高度社会责任感、人文底蕴深厚，具有独立思考能力、富有创新精神的综合素质的人才。

4.2 富有人文特色的建筑设计课程内容设置

建筑设计课程是建筑学专业培养的核心环节，然而各个高校在专业课程设置、教学模式上的差异和建筑设计本身的复杂性使得建筑设计课程侧重点各不相同，培养学生的设计能力的方法也有所差异。武汉大学建筑专业的设计课程的设置充分依托自身深厚的文化底蕴，使学生理解建筑作为文化载体的基本特质，建立批判性的文化与社会视野，提高建筑设计能力，注重多学科交叉培养，探索具有武汉大学建筑学专业特色的教学模式。

以人文特色为主题的课程体系在指导学生设计过程中，引导学生正确的创作思维观，引导形成人文建筑表达的思维模式。透过"意在笔先——探寻人文脉络"、"山水入画——处理场地环境"、"渐入佳境——组织空间序列"、"融会贯通——设计内涵升华"等设计过程，提高建筑创作在文化表达上的理解和尊重人文地理特征和人性尺度的设计水平。

4.3 围绕人文特色的相关配套课程整合

结合建筑设计课程中人文特色的目标，进一步紧密结合已开设课程的辅助教学。将建筑设计需要掌握建筑技术、文化、社会等多方面的综合知识融进理论课程的设置，有机衔接，突出人文特色教学目标，形成完整配套的课程体系。例如，必修课：中国建筑史、外国建筑史、古建筑测绘；专业选修课：传统民居与乡土建筑、建筑与审美、建筑与文化、古典亭榭；全校公选课：中国乡土建筑赏析、宋词赏析，西方历史名城赏析，建筑与音乐等等。使学生对中国传统文化及地域建筑有一定的了解认识，进一步理解和掌握传统与地域建筑的具体做法和技术，并在符合功能与审美的基础上，实现地域建筑文化的自由表达。

5.取得经验与成果

依托武汉大学深厚的人文底蕴和综合性名校的优势，学院良好的教学环境和先进的教学设备，建筑学专业教学研究氛围浓厚，教师研究团队优秀、学生素质良好，为课题研究提供了强大的硬件和软件支持。

在多年的人文特色教学实践中，武汉大学建筑系保持国际、校级之间密切的学术交流，开阔了师生视野。教师团队积极深入研究，发表了多篇理论研究论文，相关教案连续两年被全国高等学校建筑学专业指导委员会评选为优秀教案，连续5年共十余份以富有人文特色的学生作业获得优秀作业，初步形成了鲜明的人文教学特色和成果。同时，在老师的指导下，武汉大学建筑学学生思维活跃，建筑设计成果及论文在国内、国际各种层次的竞赛中不断获得嘉奖。

大三建筑设计课程教学实践表明，在教学过程中强调并有效地组织和引导学生体验实地环境，关注社会和人文特征，通过"文化立意的确立——场地的考量——文化元素的挖掘——空间的营造与功能流线的组织——氛围的升华"一系列的探索实践，将人文元素融入建筑设计之中，使其更加拥有本更加土化、人文化的表达，应成为建筑学教育改革不断探讨的新命题以及未来发展的趋势。

参考文献：

[1] 吴良镛. 论城市文化[A]//顾孟潮,张在元. 中国建筑评析与展望[M]. 天津：天津科教出版社, 1989.

[2] 沈福煦. 建筑与文化[J]. 同济大学学报. 2008 (6)：33–40.

[3] 王丽. 浅谈建筑学教育中应强调建筑地域性特色[J]. 理论探究. 2010 (9)：23–24.

作者：王炎松,武汉大学城市设计学院建筑系 教授 博士生导师；黎颖,武汉大学城市设计学院建筑系 硕士研究生

模型为主线的节点式教学实践

——以二年级山地旅馆设计为例

李涛　李立敏

Node Type Teaching Practice with Model as the Main Clue: Take the Mountain Hotel Design in Second Grade as an Example

■摘要：在西安建筑科技大学模块化教学体系改革的背景下，本文针对中小型公共建筑设计课程提出节点式的教学方法，将模型作为建筑设计的主线贯穿教学的全过程，以山地旅馆设计教学为例介绍了这种教学实践过程。

■关键词：中小型公共建筑　节点式教学　模型　山地旅馆设计

Abstract：At the background of modularization teaching system reform in Xi'an University of Architecture and Technology, the paper propose Node type teaching method to small and medium—sized public buildings design course, which take model as the main clue of architecture design in the whole teaching, and introduce the process of teaching practice taking the mountain hotel design as an example.

Key words：Small and Medium—Sized Public Buildings；Node Type Teaching；Model；Mountain Hotel Design

　　为了培养学生在集中时段内高效完成设计任务的能力，以适应未来快节奏设计工作的需要以及国际联合教学的新趋势，西安建筑科技大学建筑学院自2012年9月开始全面推行集中式的模块化教学体系，将原来的公共通识课、专业理论课与设计课每学期平行上课，调整为理论课与设计课分别集中授课，要求学生在相对集中的较短时间内高效地完成建筑设计任务。

　　中小型公共建筑设计课程系列是建筑设计课程的重要组成部分，是培养学生创新性思维、初步形成建筑观以及基本设计方法的重要阶段，在整个本科教学体系中起到承上启下的关键作用，模块化教学体系为中小型公共建筑设计课程带来新的挑战与契机，要求重新梳理教学思路，形成针对中小型公共建筑特点的新教学方法。

1.模型作为设计主线

　　在传统的设计过程中，建筑方案是通过一草、二草、三草等一系列的草图从平面上来

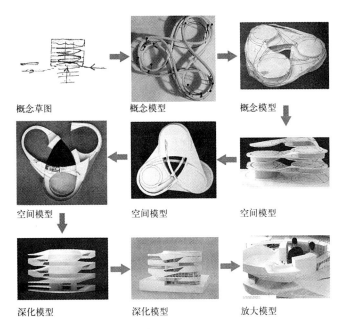

概念草图　　　概念模型　　　概念模型

空间模型　　　空间模型　　　空间模型

深化模型　　　深化模型　　　放大模型

图1　奔驰汽车博物馆设计模型演变

推动的，建筑与环境的关系、功能流线的调整、方案的深化等都是在二维平面上完成的，然后再从平面发展到空间进行立面的设计与推敲，经过平面和空间的多次反复调整，直到建筑方案的完成。这种以图纸作为主线的设计方法在我国建筑教育中占到主导位置，设计者对于空间的操作并不是直接进行的，容易受到平面思维的限制。建筑学作为一门空间艺术，采用模型作为设计手段无疑能够使设计者直接在三维空间中操作材料、观察环境、想象空间、模拟建造，更好地激发设计者的想象力，提升发展和表达空间的质量。虽然在很多以图纸为主线的设计中也利用模型表达建筑空间，但仅仅是被作为设计成果的表达手段，并未真正将模型作为推动建筑设计发展的工具和方法。

建筑模型作为一种工作方法直接影响到建筑设计的结果。建筑模型在设计过程的不同阶段所起到的作用不同，设计前期的模型用于感知场地环境、体现概念构思，设计中期的模型用于推敲建筑的空间、结构、表皮、细节等，设计成果阶段的模型用于展示、交流和表达。在荷兰建筑师UN Studio设计的奔驰汽车博物馆中，通过一系列的不同模型推动和诠释了设计概念，最终将一个巧妙的想法付诸实现。在整个设计过程中，利用模型来诠释概念、推敲空间和流线、深化并完善设计，模型起到推动建筑设计方案发展的重要作用（图1）。

2.节点式教学方法

在以往的中小型公共建筑设计课中，整个设计过程依赖经验式的教学方法，仅提出最终的成果要求，并未根据建筑设计发展的阶段化特征提出具体的要求，没有明确划分建筑设计的不同阶段，以及在每个阶段究竟应该重点解决哪些问题，从而使设计的各阶段缺乏目的性，缺少对设计过程各环节的控制和反馈。

节点式教学方法将中小型公共建筑的设计过程根据设计的阶段化特征划分为若干环节（表1），每个环节设置明确的教学重点，在各环节下分别设置若干节点，每个节点制定具体的任务要求，对每个节点通过具体要求和反馈实施进行控制。

节点式教学方法具有以下特征：

1）分阶段化——将设计过程分为几个环节，每个环节重点解决一个问题，使设计过程中各阶段的目的更加明确化。

2）节点控制——每个环节中通过节点的控制来保证设计的质量，将传统设计要求分解到每个节点当中，形成一系列相关的任务要求。

3）模型主导——在节点的控制中，将模型作为推动建筑设计发展的主线贯穿设计的始终，鼓励采用模型来塑造空间、推敲空间、观察空间。

4）反馈实施——在每个节点之后设置交流讲评环节，邀请建筑师、工程师参与教学，启发学生的设计思维，促使设计方案的逐步完善。

以模型为主线的节点式教学体系框架　　　　　　　　　　　　　　　　　表1

环节	前期准备	概念设计	方案深化	方案完善	成果表达
教学重点	环境	概念	空间	建造	表达
节点	场地分析 案例解读	概念设计 多方案比较	空间生成 功能深化	结构设计 表皮建构	模型制作 成图绘制
节点要求	场地模型 场地分析报告 案例解读报告	概念模型 多方案概念草图	空间模型 过程方案图	结构模型 建构模型 深化方案图	成果模型 正式方案图
反馈实施	班级教师讲评	班级教师讲评	建筑师参与讲评	工程师参与讲评	年级设计答辩
周数	1周	1周	1周	2周	1周

3.模型为主线的节点式教学实践

山地旅馆建筑的设计的教学重点在于掌握旅馆建筑设计的基本原理，难点在于处理建筑与山地环境之间的关系。本次设计任务位于甘肃炳灵丹霞地貌风景区内，地形较为复杂，周边景观环境良好，用地面积约1.5hm²，拟建总建筑面积9000m²左右，主要使用功能包括了住宿、餐饮、娱乐、会议等四大主要功能。根据山地旅馆设计的特征，将教学过程划分为前期准备、概念设计、方案深化、方案完善、成果表达等五个环节，每个环节下设置了几个关键性的节点，实现对整个设计课程的全过程控制。

(1) 前期准备环节

1) 场地分析

场地分析是认识建筑所处环境、思考建筑的介入方式、形成建筑布局大致想法的重要手段。该节点鼓励学生从区域环境、交通体系、山地地形、气候资源、景观朝向等方面对场地的有利条件和不利条件进行分析，若干人为一组制作1：500的场地模型，完成场地分析报告（图2），得出对场地的思考和分析结论。

2) 案例解读

案例解读可以进一步帮助学生深入了解设计对象。该节点要求学生理解建筑与山地环境之间的关系，旅馆建筑的基本构成和特点，山地旅馆建筑与城市旅馆建筑的不同，通过一个案例的深入解读和分析理解山地旅馆设计的任务要求，从建筑与环境、空间组织、功能分区、动线设计、空间品质、建筑与气候等角度对案例进行深入分析，完成分析报告，班内进行集中讲评（图3）。

(2) 概念设计环节

1) 概念提取

概念提取是设计方案生成的关键节点，以场地分析结论和案例解读为基础，对设计任务进行定位与思考。比如，建筑以什么样的姿态介入山地环境，营造什么样的旅馆空间品质，建筑采用什么样的接地方式，等等。鼓励学生从发现的问题和兴趣点出发提出设计概念，教师对学生设计概念的可行性进行判断，帮助学生理清概念，要求采用草图和概念模型来表达设计概念（图4）。

2) 方案比较

该节点要求在同一概念之下进行多方案的比较，在场地上进行不同方案的尝试，鼓励采用体块、板片、杆件制作1：500的多方案比较模型，各方案的差异性尽可能大（图5），重点探讨设计概念的可行性以及建筑与外部空间环境的关系，表达纯粹的空间形式，不考虑

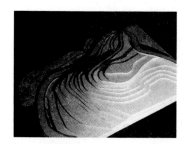

图2 场地模型

图3 教师讲评案例解读报告

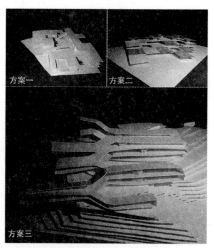

方案一　方案二

方案三

图5 多方案比较模型

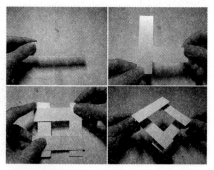

图4 概念模型

结构、构造等具体建造因素对形式的影响，初步形成同一设计概念下的几个不同方案，形成阶段性成果，进行集中讲评。

（3）方案深化环节

1）空间生成。该节点要求在多方案比较的基础上选定一个方案进行深化，制作1∶500的空间模型反映建筑内部的空间关系，探讨建筑的虚实、光影、视线等，用不同模型材料区分不同属性的建筑空间，比如内与外、虚与实、公共与私密等等，完成外部空间到内部空间的转化。

2）功能深化。该节点要求在空间生成的同时对设计方案的功能流线进行调整和深化，在大的功能分区的基础上，对公共大堂、会议、娱乐、住宿之间的关系以及各自内部的关系进行调整和优化，合理组织旅馆建筑的流线关系，营造富有趣味的空间序列，邀请设计院建筑师参与方案的讲评（图6）。

（4）方案完善环节

1）结构设计。该节点要求介入结构、构造、设备等因素进一步对设计方案进行深化完善，将空间形式转化为具体的建造形式。教师讲授山地旅馆建筑的结构和设备、构造设计的基本原理，使学生对结构与构造等形成基本的认识和理解，制作1∶200的建筑结构设计模型（图7），将结构与空间设计统筹考虑，请结构工程师对结构设计进行点评（图8）。

2）表皮建构。该节点要求制作1∶200的局部表皮建构模型，反映设计重点的立面空间形式，例如制作旅馆客房局部立面模型，探讨空调机位、阳台以及梁柱等因素如何在立面空间上整合与表现。结合结构设计和表皮建构对过程模型进行修改，进一步完善建筑的平面功能和空间细节。

（5）成果表达环节

1）成果模型制作。该节点在设计周内完成，在教师的指导下进行1∶200成果模型的制作和表达（图9），要求学生注意场景和氛围的表达以及模型的拍摄技巧等，例如人与空间的关系、环境要素与建筑的配置、模型的拍摄与光影效果等。

图6　建筑师点评学生方案

图7　结构模型

图8　结构工程师点评

图9　成果模型制作过程

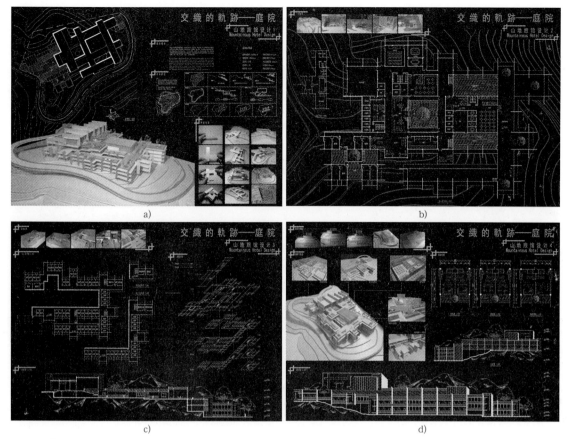

a)   b)

c)   d)

图 10   最终的成果

参考文献：

[1] 顾大庆，柏庭卫. 空间、建构与设计 [M]. 北京：中国建筑工业出版社，2010：12–13.

[2] （英）尼克·邓恩著. 建筑模型制作 [M]. 费腾译. 北京：中国建筑工业出版社，2011：3–5.

[3] Unstudio 建筑事务所网站：http://www.unstudio.com/

[4] 卢济威，王海松. 山地建筑设计 [M]. 北京：中国建筑工业出版社，2000：156–158.

图片来源：

表 1：作者自绘；

图 1：作者根据 Unstudio 网站资料绘制；

图 2：张簇提供；

图 3：作者拍摄；

图 4：张簇提供；

图 5：向钰莹提供；

图 6：作者拍摄；

图 7：张簇提供；

图 8：作者拍摄；

图 9～图 10：张簇提供。

2）正式图纸表达。该节点要求学生通过 2 天时间进行图面排版，提交构图小样，教师对构图进行调整和修改，允许用成果模型照片代替效果图的绘制，并通过模型展现设计的发展过程。最后学生对图纸与模型进一步修改和完善，完成所有成果图纸的制作（图 10）。

4. 结论与反思

在本科建筑学二年级的山地度假旅馆建筑设计课程中，首次尝试了以模型为主线的节点式教学方法。通过节点式教学方法的实践，将整个设计过程分解成一系列可控的节点，从而对整个设计的进度和节奏进行合理的控制。以模型作为设计主线，通过场地模型、概念模型、多方案比较模型、空间模型、深化模型、结构模型、表皮建构模型、成果模型等一系列模型推动建筑设计的发展，将模型最为一种设计方法贯穿设计始终，而不仅仅作为最终的表现手段。这种教学方法着重培养学生从三维空间上思考建筑设计，在集中地时间段内高效解决问题。

然而本次设计教学中仍然发现了一些不足，针对本科二年级学生来说，9000 平方米的设计任务规模稍大、时间紧张，学生在设计的过程中不得不花大量的精力用来进行功能的调整和深化，在一定程度上影响了模型的制作和成果表达。在今后的教学实践中，将对设计任务进行合理的简化，并对各设计节点进一步补充完善，优化各设计节点之间的关系。

［基金项目：西安建筑科技大学人才科技基金（DB02069）］

作者：李涛，西安建筑科技大学建筑学院 讲师，博士；李立敏，西安建筑科技大学建筑学院 副教授，教研室主任

建筑技术科学研究生实验环节的教学思考

展长虹　黄锰　陈琳

Investigation on Innovation of Experimental Teaching System for Graduate Student of Building Science and Technology

■摘要：文章立足于建筑技术科学学科教学中的实验环节，分析了当前普遍存在的问题，论述了当前该实验教学环节中的最新动态，指出在培养高层次建筑人才方面，教学双方的整体高度意识、知识整合能力、软件模拟测试水平的重要性，最后对研究生实验教学拓展与改革提出了几点建议。

■关键词：建筑技术科学　研究生　实验教学　改革

Abstract：The content of Building Science and Technology is briefly presented. The experimental teaching system is quite important for graduate student whose major is Building Science and Technology, but there are many problems exist in it currently. Therefore, the innovation of experimental teaching system for this major is advised in this paper.

Key words：Building Science and Technology；Graduate Student；Experiment Education；Innovation

1　引言

建筑技术科学，国外高校对应学科为 Building science and technology，原为建筑学一级学科下设的几个二级学科之一（国务院学科办 1980 年），是建筑学研究生招生的几个重要的方向之一。它是由传统的建筑学（主要是建筑设计）与相关学科（包括物理学、计算机科学、信息科学、生态科学和环境科学等）交叉的产物。在建筑大学科中，扮演着探索前沿、引导方向和夯实基础的角色。

在国际建筑教育体系中，建筑技术科学、城市规划以及建筑设计与理论并列为建筑学的三大板块。其中，建筑技术科学领域是推动建筑学学科发展最活跃的要素之一。2011 年，国家把原有的建筑学一级学科调整为建筑学、城乡规划学、风景园林学三个一级学科，建筑技术科学学科被调整为新建筑学一级学科下设的 6 个研究方向之一，逐渐淡化了二级学科的提法。当前，建筑界担负着落实科学发展观与可持续发展战略，担负着推广绿色建筑、建设生态城市、建设资源节约型、环境友好型社会的重任，其关键举措和必要途径就是发展现代建筑技术科学[1]。因此，无论作为一个二级学科还是一个研究方向，"建筑技术科学"仍将继续为实现上述目标提供重要技术支撑并奠定科学基础。

长期以来，建筑技术科学人才仅靠少数院系通过研究生教育来培养，培养数量严重不足。同时，由于种种原因，我国建筑界仍然不同程度地存在重设计轻科研，以及重艺术轻技术的倾向。这种倾向对建筑技术科学领域研究生的教育培养长期产生着负面影响。研究生教育是最高层次的教育，研究生的培养模式任务重要而艰巨。高层次人才应具有良好的适应能力，具有创新意识和创新能力。因此，重视并改善建筑技术科学研究生教育，对培养高层次建筑技术科学人才，促进我国建筑学学科发展，拉升建筑科技水平，以及提高建筑创作能力具有重要意义。

研究生人才培养是一个系统工程，实验教学是该阶段的关键手段。实验教学在奠定研究生知识基础，锻炼其独立解决问题能力，培养创新意识和创新能力方面是极其重要的一个环节。而现实情况确是，实验环节教学长期被忽视淡化，已经成为学生知识体系中的一块"短板"，成为目前建筑技术科学研究生教学中问题突出的一个"顽疾"。

2 "建筑技术科学"学科（方向）简介

2.1 建筑技术科学学科（方向）的内涵和重要性

建筑技术科学的核心是建筑物理学（建筑热工、建筑声学和建筑光学），同时还包括：计算机及数字技术在建筑设计与规划中的应用，建筑构造学和建筑设备等[2]。建筑技术科学研究如何通过城市规划与建筑设计等措施来使城市与建筑具有舒适、健康、适用、安全的环境，对于提高建筑内在品质，满足功能要求，节约能源和资源以及保护环境均具有重要意义。

从目前国际上建筑学发展来看，建筑技术科学处于学界研究前沿，也是最活跃的研究领域之一。密西根大学建筑学院是美国最早授予建筑博士学位的学院，其50%建筑学博士论文研究领域与建筑技术科学有关，18位博士导师中有9人从事建筑技术科学研究，由此可见美国建筑界对建筑技术科学的重视[3]。国际其他著名的建筑院校如：美国MIT、德国慕尼黑工业大学、荷兰戴尔夫特大学、瑞士苏黎世高工、英国谢菲尔德大学等也都是类似情况。

2.2 我国建筑技术科学学科（方向）的不足

（1）发展速度相对滞后。提高建筑物的质量、改善人居环境、推行建筑节能、推广绿色建筑及建设生态城市，这必须由建筑技术科学提供科学依据和技术支撑。我国在建筑业与城市化建设快速发展过程中，建筑技术科学却未受到足够重视，科学技术对建筑业的支撑不足，这是造成目前我国大量建筑物功能质量不高、科学含量低、能源和资源浪费严重以及寿命短的重要原因。

（2）学科跨度相对较小。我国目前建筑技术科学学科（方向）主要从事环境控制（即建筑物理）等方面的研究和教学。而国际上建筑技术科学主要包括两大部分内容：一是环境控制技术，包括音质设计、噪声控制、采光照明、暖通空调、保温防湿、建筑节能、建筑中太阳能利用及建筑防火技术等；二是计算机在建筑中的应用（指研究开发，而不是指利用现成软件来绘图）。从学科发展看，建筑技术科学还应包括智能科学、信息科学、行为科学和人类工程学、生态学等在建筑中的交叉和应用研究。总之，除了城市规划与设计（包括风景园林规划）和建筑设计与理论（包括建筑史）以外，其余一般就划归建筑技术科学，从而形成三大板块结构。例如剑桥大学著名的以丁建筑学研究中心、密西根大学建筑学院和悉尼大学建筑学院等均是如此[3]。

（3）专业人才培养体制陈旧。国外建筑学教育的主流，一般是实行两阶段的培养：即前三年的建筑科学学士阶段，毕业后再分流，一部分学生再读两年建筑设计，成为建筑师；另一部分学生则攻读包括建筑技术科学专业在内的执照（Diploma）学位。这种体制为培养大量社会上亟须的建筑技术科学人才奠定了基础。而我国建筑学院均以培养建筑师、规划师为目的。建筑技术科学人才仅靠研究生教育来培养，缺口很大，供给严重不足，与国外相比存在巨大的差距。这也是导致目前我国大量标志性重点工程均由外国公司来设计和咨询的重要原因。如水立方、鸟巢等建筑，其制约因素中的建筑技术科学性因素更为主要，而这些建筑的主设计师都来自境外。

2.3 我国建筑技术科学学科（方向）的发展

近年来，我国建筑技术科学越来越得到国家的重视，学科的软、硬件设施也得到了一定程度的改善。包括清华大学、哈尔滨工业大学、天津大学、华南理工大学在内的 20 多所高等院校均设置了专门的系（所），其中清华大学建立了该专业的本科生培养，天津大学建立了首个国家级重点学科，华南理工大学建立了亚热带建筑科学国家重点实验室[4]，体现了建筑技术学科发展迅猛的势头。

3 研究生实验教学的重要性及存在的问题

3.1 实验教学对建筑技术科学研究生培养的重要性

世界许多国家都十分重视实验教学在培养人才过程中的特殊作用。例如原苏联高校要求培养"博学专家"，日本要求培养"世界通用人才"，美国要求培养"综合人才"，强化实验教学环节，由此可以看出发达国家对实验教学的重视程度。我国研究生课程体系在研究生培养方案中处于核心地位，其中实验教学环节在培养研究生坚实的理论基础、出色的科学实验能力和勇于开拓的创新精神等方面，具有不可替代的重要作用[5]。

在建筑技术科学学科（方向）研究生的培养过程中，实验教学对获取和深刻理解建筑技术科学基础理论知识是必不可少的，起着理论教学不可替代的作用。基础理论知识具有相对稳定性和广泛的适应性，有了宽厚扎实的基础理论知识，才能做到"以不变应万变"，才能具备广泛适应能力和创新能力，才能在建筑科学研究和建筑设计创作中有所作为。

另外，实验教学是弥补本科为建筑学专业学生的基础知识的重要措施。目前攻读建筑技术科学方向的研究生来源多数为建筑学本科生。这些学生的感性思维及想象力丰富，相比而言，其逻辑与定量化分析能力薄弱，缺乏科学工具和方法方面的训练，缺乏基本的实验技能训练。因此，实验教学环节对这类学生在培养其逻辑思维能力、掌握科学定量化手段以及科研实验能力方面将起到重要作用。目前，这种"重道轻器"的意识形态正在逐步改观，一部分导师有意识地加强了该方面的实验教学，一些非建筑技术科学系的研究生在导师的建议下选择建筑技术方面的课程，对他们的创作与研究收效良好，且学生数量呈逐年上升的趋势。

3.2 培养方案在实验教学方面存在的问题

（1）实验教学始终处于从属地位，普遍存在重理论、轻实验的问题

首先，研究生在短短的 2～3 年内完成上课（获取学分）、开题、小论文发表、毕业论文的撰写及答辩等任务，使其不能在实验教学课程或实验研究中投入有效时间和精力，更多注重理论分析和计算仿真。其次，教师本身对研究生实验课程的教学不够重视，实验课的时间安排不合理或者压缩甚至取消实验课，导致长期以来，建筑技术科学实验教学一直处于从属地位，应有的实验教学得不到重视，这种现实导致研究生在科研素养培养方面造成很大缺陷。

（2）实验条件简陋，资源利用率低

建筑技术科学类研究生实验所用设备种类繁多，部分设备较为昂贵，有些甚至需要专门定向研制。而研究生培养中，实验经费投入少，实验设备老化，实验室空间狭小等现象较突出。有些研究生导师会利用自己的课题经费购置或研制一些先进的实验设备，但这些实验资源通常由导师自行管理，出于对设备的保护，减少设备损坏，导致设备利用率低，很少为研究生实验教学所公用。

（3）实验教学理念和教学方式落后，内容设计不合理

长期以来，建筑学院研究生实验教学未受到各方的足够重视。以我院为例，建筑技术科学系所开设的一些课程中，包含有实验课内容，但一般是沿用本科方式，依据理论教学的需要而设置，所设实验内容演示性、验证性实验较多，部分实验课内容与本科阶段实验课内容重复，或者只是学习一些仪器设备的使用操作方法，而综合性、设计性实验少，实验内容趋简避繁。这种教学方式缺乏对学生的科研实验动手能力和独立解决问题能力的培养，其创新能力和创新意识得不到应有的发展。

现有的一些实验教学内容已经不能适应现代建筑技术科学的快速发展。很多学校没有形成相应的管理机制去促进对现有的实验教学进行革新，现有实验教学往往缺乏科学性及针对性。高校中很多实验教学内容陈旧还是沿用几年甚至十几年不变的实验教学大纲，使得学生毕业进入工作岗位后往往需要重新学习才能满足工作的需要。

（4）实验教学师资队伍始终处于从属地位

实验教学处于从属地位的事实，造成实验教学师资队伍年龄结构老化，工作积极性热情不高，无心致力于实验教学的革新与发展；实验教师往往只是负责实验室的管理，准备简单的实验。同时，很少对实验教师队伍进行相应的培训，也缺乏对外交流的机会，造成教师观念落后，对新技术、新的管理理念知之甚少。

4 研究生实验教学体系改革建议

建筑技术科学学科开设的课程是面向全体研究生的。以下所提出的几点建议，皆以充分利用实验课程教学夯实并拓宽研究生知识基础，提高研究生综合运用知识，提高分析问题解决问题的能力，以及培养其创新意识和创新能力为目的。

（1）树立实验教学的紧迫意识

研究生是实验教学过程的学习主体，必须让学生从思想上认识实验课程的重要性，发挥学生的主观能动性。这需要社会、学校、指导教师的共同努力。实验指导教师应重视课程教学的每个环节，包括实验方案把关、实验过程指导、实验结果验收等，以自己的行动来影响研究生对实验课程的重视。

（2）完善实验教学的课程体系

实验课程设置以及课程内容选择十分重要，应以为研究生夯实基础、锻炼基本的科研实验动手能力、检验理论知识、培养创新意识和提高创新能力为目标。在选择时，要适应研究生的实际水平（如能弥补其在本科阶段知识结构方面的不足），又能体现建筑技术科学发展的前沿，且能反映交叉学科、边缘学科和新兴学科的新发展，要把学生有目的引入学科前沿，为"创新"做好理论和实践的准备，并应根据建筑技术学科发展和社会需求的变化及时进行相应的调整，以适应高层次专门人才培养的高、精、深的要求以及经济建设和社会发展的需要。

让研究生参与到实验课程设计与改革中来，充分发挥学生的创新性能力。根据研究生的课题或其兴趣，在导师或实验教师的指导下，开设设计性、开放性、团队性的综合实验；提供学生实验目标，研究生根据特长组建团队，设计实验方案并实现。通过团队性综合实验，可以提高研究生的团队合作意识和实践创新能力，也可满足同一专业研究生开展不同方向课题研究的需要。

在保持基本课程体系完整的基础上，淘汰重复性的、简单的实验课程内容。

（3）整合实验教学的资源平台

在教育资源相对短缺现状下，学校和学院应加强实验资源的整合，研究生指导教师之间应加强合作，大力开放现有实验设备，让研究生充分了解学校和学院已有实验资源，并根据课题方向的需求设计自己的实验方案，充分提高有限实验资源的利用率。尽量帮助研究生争取社会上其他可用的实验资源。

（4）建立实验教学的高效机制

对教学过程进行合理的监督和评价是保证研究生实验教学质量的重要措施，要实现校、院、生多层次、多角度的监督管理方式，建立合理的课程考核评价机制。

专职实验教师一般都是按部就班完成程序化的实验教学或辅助工作。学校、学院应更新相关制度，激发专职实验教师的创新工作热情。使团队的专业结构更加优化、学历层次进一步提升，形成结构更合理、学术氛围更浓、协作精神更佳、创新精神更强的教学团队。

专业教师应该积极参与到实验教学的实践与改革中来。一般情况下，实验课程都隶属于某一门课堂的授课课程，任课教师对教学内容熟悉、理解深刻，更容易对实验教学内容提出创新思路和改善方案。一方面，教师熟悉不断更新换代的设备、技术，提高自身的科研实验能力水平。实际上，教育与科研是不可分割的，在教书育人中，老师同样会得益于学生的各种新想法。另一方面，也可解决实验专职教师缺员、缺编的现实困难，教师在实验教学方面投入时间和精力，必然影响其考核"工作量"。因此，需学校、学校制定相应的制度，对教师在工作量的计算以及升职、晋级方面都给予考虑。

制定政策鼓励研究生参加实验课教学及日常实验室的维护管理工作。虽然研究生缺乏教学和实验室工作经验，但在工作过程中，一方面，可以培养研究生独立工作能力，增强其科研实验动手能力，而且在备课和授课过程中可以获取新的信息和灵感；另一方面，也可弥补实验专职教师数量少的问题。

由高水平的资深教授担任实验教学指导小组组长，对实验教学建设与改革、教学实验室建设、实验教学队伍建设、实验教学人员培训、实验课程组长聘任等重大问题进行研究、咨询，并提出建设性的意见[6]。出台相应政策，鼓励研究生实验教学精品课程建设。同时，争取多渠道的经费投入，鼓励不断创新的建设机制，多种类、多形式筹措资金，以完善实验室建设。

5 结语

实验教学改革目的是提高研究生培养质量，提高研究生的科研水平和创新能力。通过改革，能够真正提供给学生一个平台，实现从被动学习到主动学习、自主学习，再到研究型学习的转变。要想真正实现这一转变，最核心、最重要的是学生的兴趣和信心，是他们的自主性，是要以学生为本[7]。建筑技术科学实验教学改革对于教师、学生以及研究生教育管理者都提出了严峻的挑战。任何改革历来都不是一帆风顺的，只有在学校、学院的大力支持下，在相关教师积极参与下，建筑技术科学研究生实验教学改革的目标才可能实现。

注释：

[1] 中国科学院学部．关于重视发展现代建筑技术科学的建议 [J]．院士与学部．2010，25（1）：90–91．

[2] 吴硕贤．重视发展现代建筑技术科学 [C]// 城市化进程中的建筑与城市物理环境——第十届全国建筑物理学术会议论文集．广州：华南理工大学出版社．2008：3–8．

[3] 吴硕贤．应当高度重视建筑技术科学的发展 [J]．建筑学报．1998，(5)：7–9．

[4] 刘刚，马剑，张明宇．建筑技术科学跨学科教学实践 [C]// 城市化进程中的建筑与城市物理环境——第十届全国建筑物理学术会议论文集．广州：华南理工大学出版社．2008：679

[5] 谷晋骐，郑永星．关于面向 21 世纪物理实验课程的几点思考 [J]．物理实验，1996，(1)：12 ~ 16．

[6] 王国强，吕琴，傅承新．研究型大学实验教学队伍建设的实践和思考 [J]．中国大学教学．2006，(8)：43–45．

[7] 李想，关悦．开心地学习 做"好玩"的研究——专访"钱学森力学班"首席教授郑泉水 [OL]．（2012–11–22）http://www.tsinghua.edu.cn/publish/news/4208/2012/20121122103704446363625/20121122103704446363625_.html.

作者：展长虹，哈尔滨工业大学建筑学院建筑技术科学系 教授，博导，实验室主任；黄锰，哈尔滨工业大学建筑学院建筑技术科学系 副教授，硕导，系主任；陈琳，哈尔滨工业大学建筑学院 博士研究生

从构件到体系

——建筑构造教学研究

虞志淳

From Architectural Component to System: Study the Course of Architectural Construction Teaching

■摘要：建筑构造是一门兼具技术性与艺术性的建筑学专业基础课。从加强教学内容整体性，建立较为完善的知识体系入手，通过渐进性教学环节设置，加强课程间的衔接与联系，从而实现互动式教学，引导学生从知识学习逐步向能力培养转变。同时，融汇古今、追根溯源，在技术性中融入历史人文艺术特质，以及本着绿色生态技术优先的原则，让学生构建全面的技术、生态与人文观点，为实现可持续性建筑设计打下扎实的构造基础。

■关键词：建筑构造　体系　互动　艺术性　生态化

Abstract：Architectural construction is both a technical and artistic architecture basic course. From strengthening the teaching content of the whole, and establishing a more comprehensive knowledge system, our courses set through the progressive teaching, strengthen the cohesion and connection between courses, so as to realize the interactive teaching, guiding students promote from learning knowledge gradually to the ability training. At the same time, we also trace the history and the artistry of architectural construction, and add the principle of the priority of green ecology technology, which will let students in an opinion of technology, ecological and humanistic, and construct a solid foundation of sustainable building design.

Key words：Architectural Construction；System；Interaction；Artistry；Ecological

　　建筑构造是建筑学专业一门重要的专业基础课，是相关建筑技术与建筑设计的综合类课程。建筑构造作为理论类课程，在长期的教学中已经形成较为固定的教学内容，具有显著的特点：首先，内容与体系上针对屋顶、墙体、楼地层、基础、门窗、楼梯等六大建筑构件的介绍，知识点众多，零散而不易成体系；其次，教学内容的层次方面，构造知识贯穿学生从低年级向高年级渐进的整个培养过程，要求教学环节与学生需求更好地结合；再者，与其他课程衔接方面，易出现"各自为政"的现象，所以要从原来孤立、单一的知识学习，向与其他课程衔接的知识融合和能力训练的转变。此外，技术类课程讲究严谨的科学性，同时更应结合建筑学学生特点，寻求此类课程的艺术性与人文性。最后，在各种构造选取的技术导向上突出绿色生态的观点，着重可持续性生态建筑构造。我系在教学实践中逐步摸索，在建筑构造课程的教学上有以下几个方面的探索。

1. 从基础知识开始逐步深入的体系建立

在课程设置上，在原有"建筑构造"（56课时）基础上拆分为"构造一"（32课时）和"构造二"（24课时），分别设置在本科二、三年级，有利于渐进式教学需要。二年级设置"构造一"，主要为建筑常识和基本构件及其组成介绍（图1）。三年级设置"构造二"，主要为构件体系建立，以及功能与性能研究，以专题形式出现。此外，在研究生一年级设置"建筑技术科学基础"，囊括建筑技术课程的方方面面，是原有本科基础知识的总述与梳理，深化与加强，巩固与拓展。

在教学内容上，也是本着渐进层级性，例如对变形缝的教学，"构造一"是集中在基本概念和认知上，并让学生在建筑实体中寻找变形缝，建立感性认识；"构造二"则侧重应用技能，变形缝以专题形式出现，从基础、楼地层、墙体到屋顶，将各个部位汇总起来，深入研究变形缝的整体做法。

图1 "构造一"课程的构件认知

2. 强化课程之间衔接的体系建立

建筑构造是建筑设计的深入与实现，对其具有服务功能。与设计系列课程的衔接体现在学生设计方案与构造设计的互动（表1）。同时，在"构造二"中设置构造设计环节，在学生同期设计课的建筑方案中选取典型节点进行大样设计，通过节点大样草图与老师沟通，由老师给予指导，学生修改后最终绘制正式图并提交。通过建筑设计和构造课程老师之间的互动式教学，共同推进学生建筑设计能力的培养。

建筑构造与建筑设计课程的互动关系 表1

年级		建筑构造课程		建筑设计课程
本科二年级	"构造一"	常用建筑材料与结构	"小别墅设计"	建筑造型与材料结构选择，基本建筑常识
		六大基本建筑构件	"幼儿园设计"	方案深入设计的能力，门窗和楼梯设计
本科三年级	"构造二"	建筑外围护体系：保温隔热、通风采光、防水防潮、防火、防噪	"博物馆设计"	建筑空间营造，建筑外环境设计，功能与流线，构思立意的实现
		特种建筑构造：大跨建筑结构、幕墙建筑、变形缝、装饰装修	"汽车站设计"	复杂功能与空间造型，墙身大样设计，重点部位详图设计

建筑构造课与其他建筑技术类课程，如建筑材料、结构、物理等课程建立联系，融会贯通。建筑材料、力学、结构这些技术类课程是构造课的前期课程，专业性强，但是与建筑学科的艺术性有差异因而构造课的承上启下作用明显。程故依此背景，在构造教学中要突出建筑学

建筑构造课程内容 表2

建筑构造（一）		建筑设计（二）	
衔接构件	常用建筑材料与结构	建筑外围护体系	保温隔热、通风采光、防水防潮、防火、防噪隔声设计
水平构件	屋顶、楼地层、阳台	特种建筑构造	大跨建筑结构、幕墙建筑、变形缝、装饰装修
垂直构件	墙体、基础、门窗、遮阳	构件拓展	构件功能及其扩展、绿色建筑技术
交通构件	楼、电梯、坡道		

科特色，让技术类课程成为重要的设计助力。"构造一"在绪论开篇之后，添加针对常用建筑材料与结构的介绍，着重从建筑设计的需求角度针对性介绍，完善知识系统构架，在课程间做好联系，方便建筑学学生学习并在实践中运用。

3.加强从构件功能和建筑性能角度的体系建立

"构造一"中通过划分水平与竖向受力构件，将基础、墙体、楼地层、屋顶等构件分门别类体系化，分为水平构件与垂直构件。水平构件有：屋顶、楼地层；垂直构件有：墙体、基础、门窗，以及楼、电梯和坡道。给学生构架完整的建筑整体概念，避免"只见树木不见森林"的弊端（表2）。

"构造二"中通过对建筑的保温、隔热、防水、防潮、通风、采光等方面进行梳理归纳，将各构件联系起来成为整体。例如，外围护结构专题，讨论保温、隔热、通风和采光等性能下的构造做法，包括"构造一"中墙体、门窗、屋顶和楼地层等章节内容，尤其着重自然通风与采光等生态建筑构造的做法，是在"构造一"基础上的内容深化和体系化；隔声设计专题中，将楼地层、墙体和门窗的隔声综合归纳，并结合在声学设计具有特色的建筑实例分析，将声学与构造、建筑设计课程融会贯通。

4.技术与艺术的共生

1）增添人文因素，追根溯源。在"构造一"中，从屋顶、墙体、基础等构件的来源、历史与发展的角度，辨析其各自的概念与文化渊源，展现其人文与历史的发展脉络。此外，地域性也是建筑文化的重要显现，比如地域性材料和构造，结合关中民居，将包含生土构造的生土墙、覆土建筑在墙体和屋顶等章节均有所介绍。

2）探索技术类课程的艺术性。如在建筑构造（二）的表皮研究专题，在材料和肌理之上探索建构问题；在建筑构件功能延伸的专题中，是技术与艺术的共同研究。这些探索在学生作业中也有所展示，如"砌筑之美"、"材料的非线性表达"、"木材在当代建筑中的新潜力"等主题，可以看出学生作已显示出由构造技术问题上升为建构艺术方面的探索。

5.新材料、新技术的生态化取向

顺应时代发展需求，在授课中不断更新新材料、新技术，在各种构造选取的技术导向上突出绿色生态的观点，着重可持续性生态建筑构造。同时，树立人文、生态价值观，培养学生良好的职业素养。"构造一"之墙体章节中，将太阳能利用融入教学，介绍特龙布墙（Trombe Wall）、阳光间的构造，引入水墙、草砖墙、生土墙等内容；在屋顶的教学中，添加种植屋面、覆土建筑的介绍；在门窗章节中，注重门窗保温构造、遮阳等内容，在常规性构造中强调适宜性生态技术的应用。课程中以新材料、新技术和新建筑实例提升学生浓厚的学习兴趣，强化生态化的价值取向，并在学生的建筑设计中体现生态建筑构造设计，让学生学以致用，注重生态环保。

通过对上述五个方面的探索，建筑构造课程实现从构件到体系、构件到构建的转变，以及横向建立课程间的互动关联，纵向上完善课程自身的渐进层次，并且加强了技术类课程针对人文艺术性与生态化的探索。经过近年来的教学实践，教学效果良好，已取得初步成果。

（基金项目：国家自然科学基金项目，项目编号：51308451）

参考文献：

[1] 宋桂杰．从建筑到构造——建筑构造教学改革研究[J]．高等建筑教育．2006，3（15）：60-63．

[2] 樊振和．从建筑构造课程教学改革实践看学生综合能力的培养[J]．华中建筑．2007，4（25）：137-141．

[3] 姜涌，包杰．建造教学的比较研究[J]．世界建筑．2009，3：110-115．

[4] 秦佑国．建筑技术概论[J]．建筑学报．2002，7．

[5] 秦佑国．从Hi-skill到Hi-tech[J]．世界建筑．2002，1．

作者：虞志淳，西安交通大学人居学院建筑学系 副教授，硕士生导师

从做中学

——包豪斯的作坊教育

王旭　宋昆

Learning From Doing: The Workshop in the Bauhaus

■摘要：包豪斯的教育思想经历了从"艺术与手工艺"到"艺术与技术"的演变过程，从注重手工艺制作到注重工业化生产，而在包豪斯整个教育过程中贯穿始终的是作坊的教学方式。注重对学生动手能力的培养和强调教学与社会要求的衔接，是包豪斯新型教育理念的核心。这种从做中学的思想和作坊教育的方式对当今建筑教育仍具有重要的借鉴意义。

■关键词：包豪斯　作坊教育　造型师傅　做工师傅　艺术与手工艺　艺术与技术

Abstract：The educational thoughts of Bauhaus had experienced a process from "Art and Craft" to "Art and Technology" and from handicraft to industrial production, but the workshop was throughout the whole process of education. It was the core of the new education thought of Bauhaus that focused on the students' practical ability and emphasized the connection of teaching and social requirements. The ideology of learning by doing and the educational mode of workshop still have a great significance on today's architectural education.

Key words：Bauhaus；Workshop；Formmeister；Handwerksmeister；Art and Craft；Art and Technology

包豪斯学校从 1919～1933 年共存在了 14 年 3 个月，其教学模式主要分为初步课程 (Preliminary Course)、作坊教育 (Workshop) 和建筑教育 (Architecture Department) 三大部分。其中只有作坊教育这种教学方式是从建校之初一直延续到最后关闭。作坊教育的课程内容和教学成果既体现了包豪斯开办之初的教育宗旨，也是包豪斯不同时期的教育思想变迁的真实写照。

一、包豪斯作坊教育的思想演变

1．从艺术与手工艺运动（Arts & Crafts Movement）[1] 到包豪斯

在 18 世纪中叶开始的、随工业革命浪潮而涌现的机械化大生产，逐渐取代艺术家与工

匠的传统职能。而英国人约翰·拉斯金视工业化的发展为一种危害，认为机器是没有灵魂的，提倡回归中世纪的工作方法。其追随者威廉·莫里斯同拉斯金一样，希望艺术要基于手工艺，并于 19 世纪下半叶发起了艺术与手工艺运动，旨在复活中世纪的手工艺。在莫里斯开办的工厂里拒绝任何采用中世纪以后的生产方式。

1907 ~ 1910 年期间，沃尔特·格罗皮乌斯在柏林建筑师贝伦斯的建筑事务所任职，深受其影响，成了工业化机械生产的坚定支持者，他在 1910 年写给柏林企业家埃米尔·拉特瑙 (Emil Rathenau) 的信中提出，"组建一家建筑公司，它将住宅建筑工业视作它的目标，其目的是通过工业化的生产方法、最好的材料和工艺以及低廉的成本提供无可争议的益处" [2]。格罗皮乌斯于 1912 年加入德意志制造联盟 (the Deutscher Werkbund)，并积极参与其组织的活动。但由于他后来参加了第一次世界大战，目睹了机械的强大破坏力，使得他对于机械化所怀有的美好梦想开始有了很大转变，继而成为拉斯金和莫里斯的追随者，强调工艺精神甚于机械化生产。他在 1916 年 1 月向魏玛当局提交的包豪斯办学规划书中建议，要创造一个 "艺术家、工业家与技术人员之间与时俱进的伙伴关系，这或许也终将取代老式、传统的个人作业方式" [3]。在 1919 年 4 月包豪斯创建时发表的《包豪斯宣言和教学大纲》(Manifesto and Programme of the Bauhaus) 中明确指出，"建筑师、雕塑家、画家，我们都必须回到手工艺"，"让我们创立一个新型的手工艺师组织" [4]！格罗皮乌斯希望延续艺术与手工艺运动所倡导的回到中世纪的手工艺行会的工作状态。在包豪斯建校初期的四年里，一直在力图恢复中世纪手工作坊，学生的课堂作业就是制作工艺精湛的手工作品。

2. 从 "艺术与手工艺" 到 "艺术与技术" 的转向

与拉斯金和莫里斯相反，他们同时代的工业设计师戴 (Lewis F. Day) 从一开始就支持机器艺术，他在 1882 年探讨将来的装饰时说："不管我们喜欢与否，机器和蒸汽动力，还有众所周知的电气，对于将来的装饰都会起到某些作用" [5]。虽然工业革命起源于英国，而英国人却带头反抗机械化大工业生产。在建筑师中，首先赞赏机器并将之基本特性诉诸建筑理念的影响人物却在欧洲大陆和美国，如奥地利的瓦格纳和路斯、比利时的凡·德·费尔德、德国的穆特修斯以及美国的沙利文和赖特。而在这场推进工业化的运动中，亦即所谓的现代主义建筑运动中，转型后的包豪斯发挥了巨大的影响力。

1907 年，凡·德·费尔德在魏玛建立了一所支持工匠与工业生产的艺术与手工艺学校 (Kunstgewerbeschule)。1914 年，全德国 81 所专门从事艺术教育的机构中至少有 63 所开设了工艺系 [6]。包豪斯创建伊始也以倡导实用性的手工艺产品制作作为办学宗旨，作坊教育沿袭了中世纪手工作坊的工作方法和师徒模式。经过四年的探索与思考，格罗皮乌斯在 1923 年夏发表了新包豪斯宣言：《艺术与技术：一个新的统一》(Art and Technology：A New Unity)。从此，包豪斯的作坊教育开始放弃中世纪手工艺的带有表现主义倾向的思想，开始走向艺术与大规模、标准化的工业生产相结合的教育生产体系。格罗皮乌斯与包豪斯的观念转向源自于俄国的构成主义与和荷兰风格派艺术的影响，以及以莫霍利－纳吉、约瑟夫·艾尔伯斯等人的推动。新包豪斯宣言标志着包豪斯现代教育体系的成熟以及包豪斯艺术风格的确立。

3. 作坊和做工师傅在教学中的作用

无论是建校之初强调手工艺的重要性；还是后期转向艺术与技术的结合，作坊教育在包豪斯的教育体系中一直起着至关重要的作用。通过应用实际材料完成作品来更好地训练学生关于色彩、空间、材料的认知，尤其是后期开始关注工业化生产，使设计可以应用于批量化的生产，开创了设计领域的新篇章。包豪斯先后有 50 余名教师（包括兼职教师）任教，包括 11 名造型师傅(Formmeister)、15 名做工师傅(Handwerksmeister)、6 名青年师傅(Jungmeister)以及担任其他课程的教师 [7]。由艺术家担任造型师傅，辅导学生的艺术造型设计，而做工师傅则由经验丰富的工匠担任，负责教授基本的制作技能。这种教师的构成模式，满足了格罗皮乌斯所构想的 "以一种合成方法，把一流的技师和杰出的艺术家结合起来，同时对学生从实习和造型两方面来施加影响" [8]。

纺织作坊（图 1）的海伦娜·玻尔纳、装帧作坊的奥托·多夫纳均曾任职于凡·德·费尔德的艺术与手工艺学校，他们不仅仅教授课程，更重要的是提供生产设备和操作空间，他们是既考虑技术生产又有着自己艺术理想的设计师。1921 年，马克斯·克雷翰开始在多恩堡 (Dornburg) 的陶瓷作坊（图 2）任教，他和那些工人们一起为学生提供制作工艺的指导。先后均受聘于金属作坊的瑙姆·斯拉斯基 (Naum Slutzky) [9] 和克里斯蒂安·戴尔分别从事

图1　魏玛包豪斯的纺织作坊，1923

图2　多恩堡的包豪斯陶瓷作坊，1924

图3　魏玛包豪斯的印刷作坊，1923

金属装饰工艺和精致手工艺设计，虽然在莫霍利－纳吉掌管金属作坊后开始转向实用性的产品研究，但他们对手工艺的重新思考仍对当时的包豪斯带来不小的影响。此外，印刷作坊（图3）的卡尔·佐比策，雕刻作坊的约瑟夫·哈特维格，壁画作坊的弗朗茨·海德曼、卡尔·施莱默和海因里希·贝伯尼斯，以及家具作坊的约瑟夫·扎克曼等，都以其精湛的专业技艺对各个作坊的学生给予良好的指导。

二、包豪斯作坊教育的教学内容

1．草创期——魏玛时期的作坊教育

魏玛包豪斯最初直接沿用了艺术与手工艺学校留下的纺织作坊和装帧作坊。为了更快投入到教学，包豪斯借用校外的印刷作坊和陶瓷作坊进行教学生产工作。随着学校经济的好转，逐渐建立雕刻、玻璃画、家具、金属、壁画和舞台作坊，其中雕刻作坊细分为石雕作坊（图4）和木雕作坊（图5）。作坊设置的依据是沿用中世纪以来按材料与工艺划分行业的办法。作坊训练为期三年，结业时成绩合格者授以"匠师"证书。除了陶瓷作坊搬进了萨勒河畔的多恩堡的一座哥特式城堡里，所有的作坊都设置在位于魏玛市中心的原艺术与手工艺学校的大楼里。

魏玛时期（1919-1925）的作坊和造型师傅与做工师傅及其任职时间　　　　　　　　　　　　　　　表1

	作坊类型	造型师傅	做工师傅
沿用已有作坊	纺织作坊（1919-1925）	乔治·穆希（Georg Muche）（1920-1925）	海伦娜·玻尔纳（Helene Borner）（1919-1925）
	装帧作坊（1919-1925）	保罗·克利（Paul Klee）（1920-1925）	奥托·多尔夫纳（Otto Dorfner）（1919-1922）
借用校外作坊	印刷作坊（1919-1925）	莱昂耐尔·费宁格（Lyonel Feininger）（1919-1925） 拉兹洛·莫霍利－纳吉（Laszlo Moholy-Nagy）（1923-1925）	卡尔·佐比策（Carl Zaubitzer）（1919-1925）
	陶瓷作坊（1921-1925）	格哈特·马克斯（Gerhard Marcks）（1921-1925）	马克斯·克雷翰（Max Krehan）（1921-1925）
建立新的作坊	石雕作坊（1920-1925）	约翰内斯·伊顿（Johannes Itten）（1920-1922） 奥斯卡·施莱默（Oskar Schlemmar）（1922-1925）	海尔·克劳斯（Haier Kraus）（1920-1921） 约瑟夫·哈特维希（Josef Hartwig）（1921-1925）
	木雕作坊（1920-1925）	乔治·穆赫（Georg Muche）（1920-1922） 奥斯卡·施莱默（Oskar Schlemmar）（1922-1925）	汉斯·坎普弗（Hans Kulenkampff）（1920-1921） 约瑟夫·哈特维希（Josef Hartwig）（1921-1925）
	壁画作坊（1921-1925）	奥斯卡·施莱默（Oskar Schlemmar）（1921） 瓦西里·康定斯基（Vassily Kandinsky）（1921-1925）	弗朗茨·海德曼（Franz Mendel）（1921-1922） 卡尔·施莱默（Carl Schlemmer）（1922-1923） 海因里希·贝伯尼斯（Heinrich Beberniss）（1923-1925）
	玻璃画作坊（1920-1925）	约翰内斯·伊顿（Johannss Itten）（1920-1922） 保罗·克利（Paul Klee）（1922-1923） 约瑟夫·艾尔伯斯（Josef Albers）（1923-1925）	克劳斯（Kraus）（1920-1923）
	舞台作坊（1921-1925）	洛塔尔·施赖尔（Lothar Schreyer）（1921-1923） 奥斯卡·施莱默（Oskar Schlemmar）（1923-1925）	—
	金属作坊（1919-1925）	约翰内斯·伊顿（Johannss Itten）（1919-1923） 拉兹洛·莫霍利－纳吉（Laszlo Moholy-Nagy）（1923-1925）	阿尔弗雷德·科普卡（Alfred Kopka）（1919-1922） 克里斯蒂安·戴尔（Christian Dell）（1922-1925）
	家具作坊（1919-1925）	约翰内斯·伊顿（Johannss Itten）（1919-1921） 沃尔特·格罗皮乌斯（Wlater Groplus）（1921-1925）	约瑟夫·扎克曼（Josef Zachmann）（1921-1922） 莱因霍尔德·魏登希（Reinhold Weidensee）（1922-1925）

图4 魏玛包豪斯的石雕作坊，1923

图5 魏玛包豪斯的木雕作坊

这一时期，包豪斯的学生在每个作坊都以学徒的身份同时跟随两个师傅学习，即称为双轨制教学体系。具体的课程内容由各作坊的师傅们自行掌握。这一时期，无论是作坊的设置还是教师的授课安排方式，均契合了当时"艺术与手工艺结合"的教学理念。

2. 高潮期——德绍前期的作坊教育

包豪斯于1925年迁至德绍以后，在新的方针"艺术与技术：一个新的统一"的指导下，取消了具有中世纪色彩的玻璃画作坊，合并了装帧和印刷作坊，还有些作坊虽仍然依照最初的设置模式存在，但是以完全不同的方式运转。为工业化批量生产进行研制和设计样品、模型和图样的需求越来越多。在这一时期，初步课程与作坊教育有了更紧密的联系，例如雕塑作坊就只是为了配合初步课程而设置的。因此，在德绍前期，也就是1925～1928年间，包豪斯的作坊分为：为初步课程提供实验性场所的教育作坊，专门从事生产设计的实践作坊和两者皆有的教育及实践作坊。

不同于魏玛时期缺少在艺术理论和工艺实践两个方面都同样才华出众的教师，在德绍时期，格罗皮乌斯所希望的，有资格同时承担起造型师傅和做工师傅的职责人已经由包豪斯培养出来，即青年师傅。他们就是格罗皮乌斯所称的"一种新型的、前所未有的类型，是工业、工艺和建筑业的合作者，能够同时掌握技术以及形式"[10]。他们中除了在魏玛时期就开始教授初步课程的艾尔伯斯外，其他5个人开始掌管作坊教育。马歇尔·布劳耶负责家具作坊（图6）；欣纳克·谢帕负责壁画作坊（图7）；赫尔伯特·拜尔负责新成立的用于印刷和广告的作坊，朱斯特·施密特后来成为雕塑作坊的主管，作为包豪斯当时唯一的女性青年师傅；根塔·斯托尔策接管了纺织作坊。此外，奥斯卡·施莱默掌管舞台作坊（图8）；莫霍利－纳吉主持金属作坊（图9），并继续负责由其在1923年引进包豪斯的摄影课程，直至1929年沃尔特·彼得汉斯正式成立摄影作坊。

图6 德绍包豪斯的家具作坊，约1927

图7 壁画作坊的青年师傅谢帕和学生们，约1926

图8 魏玛包豪斯的舞台作坊学生在包豪斯楼顶上课，1927

图9 德绍包豪斯的金属作坊，约1927

德绍前期（1925－1928）的作坊师傅及其任职时间　　　　　　　　　　　　表 2

作坊类型		作坊师傅
教育作坊	雕塑作坊	朱斯特·施密特（Joost Schmidt）（1925－1928）
实践作坊	家具作坊	马歇尔·布劳耶（Marcel Breuer）（1925－1928 春） 约瑟夫·艾尔伯斯（Josef Albers）（1928）
	纺织作坊	根塔·斯托尔策（Gunta St lzl）（1925－1928）
	摄影作坊	拉兹洛·莫霍利－纳吉（Laszlo Moholy-Nagy）（1925－1928）
教育及实践作坊	印刷及广告作坊	赫尔伯特·拜尔（Herber Bayer）（1925－1928） 朱斯特·施密特（Joost Schmidt）（1925－1928）
	金属作坊	拉兹洛·莫霍利－纳吉（Laszlo Moholy-Nagy）（1925－1928）
	壁画作坊	欣纳克·谢帕（Hinnerk Scheper）（1925－1928）
	舞台作坊	奥斯卡·施莱默（Oskar Schlemmar）（1925－1928）

注：其中施密特、布劳耶、艾尔伯斯、斯托尔策、拜尔、谢帕是包豪斯自己培养的青年师傅，即 Jungmeister；拉兹洛·莫霍利－纳吉和奥斯卡·施莱默被称为"Old" Masters。

3．衰落期——德绍后期及柏林时期的作坊教育

1928 年，格罗皮乌斯离任，汉纳斯·梅耶继任校长一职。根据 1930 年 1 月发表的包豪斯组织计划书，除了建筑部外，原有作坊被重组为三个部门：由金属、壁画和家具作坊合并而成的构造作坊（Ausbauwerkstatt），即室内装修部；由雕塑、印刷及广告、摄影作坊合并组成的广告部（Commercial Art Department）；以及由染色、植物、葛布兰式编织组成的纺织部（Weaving Workshop）[11]。但这只是梅耶的计划，虽然各个部门都有专门的负责人，但是实际上只是改变了编制，仍继续原来以作坊为单位的生产活动。舞台作坊在奥斯卡·施莱默 1929 年离去之后，一直无人管理，只有一些学生自发成立了"包豪斯青年舞台"（Young stage at the Bauhaus）。

1930 年 8 月 5 日，密斯·凡·德·罗接替梅耶担任包豪斯校长一职，1932 年包豪斯迁至柏林，直至 1933 年包豪斯被迫关闭。在这期间，既由于密斯希望包豪斯成为以"建筑教育为中心"的学校，也有经济方面的因素，包豪斯的作坊教育开始没落。室内装修部被划分到密斯亲自管理的"建筑与室内装修"（Architecture and Interior Design）。广告部还同梅耶时期一样，由朱斯特·施密特负责，教学科目第一阶段为在印刷作坊进行的印刷工艺及印刷与复写技术的实习、估价方法、摄影技术、人体素描；从第四学期到第六学期为第二阶段，预定为宣传理论、宣传的自由试验、宣传印刷品及展览会场的设计、统计图及说明图的制作，与此有联系的是沃尔特·彼得汉斯领导的摄影作坊。纺织作坊继续由根塔·施托尔策负责，研究利用新材料和新技术进行批量生产的布料设计。

德绍后期（1928－1932）的作坊师傅及其任职时间　　　　　　　　　　　　表 3

作坊类型		作坊师傅
纺织部	纺织作坊	根塔·斯托尔策（Gunta Stolzl）（1928－1931） 奥蒂·贝格尔（Otti Berger）（1931－1932.1） 莉莉·赖克（Lilly Reich）（1932.1－1932.10）
室内装修部	壁画作坊	欣纳克·谢帕（Hinnerk Scheper）（1928－1929、1931－1932） 阿尔弗雷德·阿恩特（Alfred Arndt）（1929－1931）
	家具作坊	约瑟夫·艾尔伯斯（Josef Albers）（1928－1929） 阿尔弗雷德·阿恩特（Alfred Arndt）（1928－1932）
广告部	雕塑作坊	朱斯特·施密特（Joost Schmidt）（1928－1932）
	印刷及广告作坊	
	摄影作坊	拉兹洛·莫霍利－纳吉（Laszlo Moholy-Nagy）（1928－1929） 沃尔特·彼得汉斯（Walter Peterhans）（1929－1932）
	舞台作坊	奥斯卡·施莱默（Oskar Schlemmar）（1928－1929）

三、包豪斯作坊教育的特色及对当今建筑教育的启示

1．生产实践对作坊教育的推动作用

从某种意义上讲，作为现代设计教育开端的包豪斯，与巴黎美术学院的学院派教育最大的区别就是，前者的教育成果均为实体，后者则为图纸或是由一些简单材料代替制作的小

比例模型。包豪斯作坊设计的产品，不仅仅是对色彩、形式的推敲，同时他们更加关注材料、构造。甚至在德绍以后，开始注重怎样与批量化的工业生产相结合。以金属作坊为例，在1923 年由纳吉担任该作坊的造型师傅之后，他开始带领学生通过参观工厂和现场调查，将重点转向可以批量生产的设计。与此同时，莱比锡的 K rting & Matthiessen 灯具股份公司（康戴姆）通过实际讲解照明技术的原则和生产方法给予金属作坊很大帮助。正如玛丽安妮·勃兰特（Marianne Brandt）在《给年轻一代的信》中讲道："1924 年，他们刚开始制作那些虽然是纯手工做成，但已可以实现大规模生产的物品。认为是让设计出的物品在批量生产的条件下，工序更加简单，同时也能达到审美和实践的标准，而且仍然比单个生产更加廉价[12]。"金属作坊从最初设计具有装饰性的手工艺的产品，逐渐开始转向仍需手工制作但带有工业美学的日用品，最后实现了真正的工业化生产。此外，除了包豪斯后期由于经济原因建筑系开始沦为"纸上谈兵"的图纸作品外，在起初，均是师生通力合作，建造真正的建筑。各个作坊还配合设计制作室内的各种装饰物。但是现今建筑教育，学生多数借助电脑虚拟模型来实现设计过程的思考，而忽视实体模型的推敲，更很少用实际材料进行 1：1 局部构件的制作。当然这也同学校无法为学生提供良好的模型制作环境有关，大部分院校的学生只能用手工制作简易模型进行简单的空间推敲，无法制作原材料的大比例构件模型。从某种意义上讲，现在绝大部分建筑教育，又回到了学院派的图纸、模型的教育模式，学生仍在做自己想象的而不是实际需要的建筑。

2. 交流展览对作坊教育的促进作用

1919 年 7 月，刚刚成立三个月的包豪斯就举办了首次学生作业展，以后又相继举办几次内部展览，都不是很成功，没有什么影响。1923 年，在图林根州立法议会（Thuringian Legislative Assembly）的坚持要求下，包豪斯举办了以"艺术与技术，一个新的统一"为主题的、面向社会展示自己作品的大型展览（图10）。前艺术与手工艺学校大楼内的每一个壁龛、楼梯和教室都用来展示壁画、浮雕和设计作品（图11）。每个作坊都陈列了各自开发出的产品，教室被用来展示基础课程中的理论学习的材料。附近的州立魏玛博物馆被用来展示包豪斯绘画和雕塑的场地。由乔治·穆希设计的样板房霍恩街住宅（图12），作为包豪斯风格的典范，全部由学校作坊的产品加以陈设和装饰（图13）。同期还举办了"包豪斯周"，活动包括格罗皮乌斯、康定斯基以及 J·J·P·奥德（J.J.P.Oud）[13] 等人的讲座。此次展览成为包豪斯发展史上里程碑性的事件，不但确立了包豪斯新的发展方向，也确立了包豪斯的历史地位和社会影响。在包豪斯的教学过程中，除了各种展览，只要有好的作品完成，包豪斯的相关作坊就会举行派对，既是对优秀成果的庆祝，更重要的是师生之间相互的展示学习。这种将学生作业实物性成果向社会公开展示甚至可以销售的方式，在现今的学校教育中已很难见到。目前，室内教学的学生作业大多为设计阶段的图纸形式，距离实际的成果还有很大的差距，因此，阶段性的成果展览汇报，除了作为成绩评定和师生间的交流之外，难以面向整个学校和社会开放，更难像包豪斯的成果展览那样，向周围居民展示师生们的最新成果，并感染周围的人，向社会传播新技术、新设计理念。

图10 朱斯特·施密特设计
的包豪斯展览会海报，1923

图11 赫尔伯特·拜尔设计
的在前艺术与手工艺学校大
楼楼梯间内的壁画，1923

图12 乔治·穆希设计的霍恩街住宅

图13 霍恩街住宅的厨房，西奥多·勃
格勒和奥托·林迪希设计的陶瓷容器，
马歇尔·布劳耶设计的橱柜

图 14　1923 年包豪斯展览会期间出售的商品

图 15　威廉·瓦根费尔德设计的台灯，1924

图 16　马歇尔·布劳耶设计的钢管家具——瓦西里椅，1928

3. 商业售卖对作坊教育的经济支持

在 1919 年 4 月包豪斯发布的教学文件中提到，"学费为每学年 180 马克（学费计划随包豪斯收入的增加而逐年递减）"[14]，这说明在建校之初，格罗皮乌斯就已经在开始考虑希望通过学校自身良好的经营来减轻学生的学费负担。1922 年，在印度加尔各答举办的展览会上，包豪斯共展出 250 件作品，其中一部分作品以 5～15 英镑之间的价格被出售，仅有一件学生索菲·克诺尔的画作以 3 英镑出售[15]。同莫里斯在 1861 年成立的专门生产制造他所认可的工艺品公司一样，格罗皮乌斯在 1923 年成立了"包豪斯有限公司"，用来销售自己的产品（图 14）。在与奥斯拉姆和康德姆公司的合作中，金属作坊生产的灯具成了畅销品（图 15）；家具作坊的马歇尔·布劳耶为工业化批量生产而研制出第一件钢管家具（图 16）；1930 年，壁画作坊在壁纸生产商埃米尔·拉什的说服下生产出第一批无装饰的、结构化的"包豪斯壁纸"系列；纺织作坊为了满足不同房间需要不同尺寸的织物，开始以英尺为单位出售产品。无论是展览会上教师、学生习作的出售，还是后期各个作坊开始探索批量化的工业生产的可行性，包豪斯一直都在考虑社会的需求，与学院派教育根本性的区别，学生不是只通过图纸表现来完成自己对设计的思考，而是需要设计制作可以被大众所接受的产品。学生们不仅要考虑产品的色彩、形式，更重要的是要研究他们设计的产品怎样进行批量化的生产，他们开始从"艺术是用来看的"，转向思考"艺术怎么用"。

1953 年，密斯·凡·德·罗在纪念格罗皮乌斯七十寿辰的演讲中说道："包豪斯是一种理念。我坚信包豪斯给予世界上一些进步学校以惊人影响的原因，在于他们追求一种理念这样一种事实。这些影响不是通过组织和宣传带来的，只是因为这种理念具有强大的延伸能力[16]。"包豪斯的作坊教育继承了艺术与手工艺运动的衣钵，从强调"艺术与手工艺"逐渐转型为"艺术与技术"的结合，成为工业化的试验场，主张学做合一，从做中学，培养学生的实际操作能力。对这所关闭了整整 80 年的学校，尤其对其作坊教育的研究，对当今的艺术和建筑教育的理论与实践仍有重要的借鉴意义。

注释：

[1] 艺术与手工艺运动（Arts ＆ Crafts Movement），通常译为"工艺美术运动"，这场运动试图改变文艺复兴以来艺术家与手工艺者相脱离的状态，弃除工业革命所导致的设计与制作相分离的恶果，强调艺术与手工艺的结合。本文采用直译名"艺术与手工艺运动"，以期与文中的相关概念表述相一致。

[2] Hans M. Wingler. The Bauhaus: Weimar, Dessau, Berlin, Chicago [M]. Cambridge：The MIT Press, 1976：20.

[3] 法兰克·怀特佛德. 包豪斯 [M]. 林育如译. 台北：商周出版社, 2012：20.

[4] 利光公. 包豪斯——现代工业设计运动的摇篮 [M]. 刘树信译. 北京：轻工业出版社, 1988：3.

[5] 尼古拉斯·佩夫斯纳. 现代设计的先驱者——从威廉·莫里斯到格罗皮乌斯 [M]. 王申祐、王晓京译. 北京：中国建筑工业出版社, 2013：7.

[6] 弗兰克·惠特福德. 包豪斯 [M]. 林鹤译. 北京：生活·读书·新知三联书店, 2001：22.

[7] 根据 The Bauhaus: Weimar, Dessau, Berlin, Chicago 一书及相关资料统计整理。

[8] 张晶. 设计简史 [M]. 重庆：重庆大学出版社, 2004：79.

[9] 璐姆·斯拉斯基（1894-1965），乌克兰人，优秀的金饰制造者，1919 年进入包豪斯，1921-1924 年作为一名独立制作人，参与包豪斯的金属作坊工作，而非包豪斯正式教师。

[10] 弗兰克·惠特福德. 包豪斯 [M]. 林鹤译. 北京：生活·读书·新知三联书店, 2001：167.

[11] 利光功. 包豪斯——现代工业设计运动的摇篮 [M]. 刘树信译. 北京：轻工业出版社, 1988：125.

[12] 弗兰克·惠特福德. 包豪斯——大师和学生们 [M]. 陈江峰、李晓隽译. 北京：艺术与设计杂志社, 2009：134.

[13] J·J·P·奥德（1890-1963），荷兰风格派建筑师。

[14] Hans M. Wingler. *The Bauhaus: Weimar, Dessau, Berlin, Chicago* [M]. Cambridge: The MIT Press, 1976: 33.

[15] 鲍里斯·弗里德瓦尔德. 包豪斯 [M]. 宋昆译. 天津: 天津大学出版社, 2011: 31.

[16] 利光功. 包豪斯——现代工业设计运动的摇篮 [M]. 刘树信译. 北京: 轻工业出版社, 1988: 1.

图片来源：

图 1：Ulrike Muller. *Bauhaus women* [M]. London: Thames&Hudson, 2009: 23.

图 2：法兰克·怀特佛德. 包豪斯 [M]. 林育如译. 台北: 商周出版社, 2012: 82.

图 3：Ulrike Muller. *Bauhaus women* [M]. London: Thames&Hudson, 2009: 95.

图 4：法兰克·怀特佛德. 包豪斯 [M]. 林育如译. 台北: 商周出版社, 2012: 93.

图 5：Barry Bergdoll,Leah Dickerman. *Bauhaus 1919-1933: workshops for modernity* [M]. New York: Museum of Modern Art, 2009: 164.

图 6：Hans M. Wingler. *The Bauhaus: Weimar, Dessau, Berlin, Chicago* [M]. Cambridge: The MIT Press, 1976: 450.

图 7：鲍里斯·弗里德瓦尔德. 包豪斯 [M]. 宋昆译. 天津: 天津大学出版社, 2011: 59.

图 8：Barry Bergdoll,Leah Dickerman. *Bauhaus 1919-1933: workshops for modernity* [M]. New York: Museum of Modern Art, 2009: 171.

图 9：Hans M. Wingler. *The Bauhaus: Weimar, Dessau, Berlin, Chicago* [M]. Cambridge: The MIT Press, 1976: 466.

图 10：约瑟夫·斯特拉瑟. 你应该知道的包豪斯 50 件圣品 [M]. 宋昆译. 天津: 天津大学出版社, 2012: 26.

图 11：鲍里斯·弗里德瓦尔德. 包豪斯 [M]. 宋昆译. 天津: 天津大学出版社, 2011: 116.

图 12：约瑟夫·斯特拉瑟. 你应该知道的包豪斯 50 件圣品 [M]. 宋昆译. 天津: 天津大学出版社, 2012: 6.

图 13：约瑟夫·斯特拉瑟. 你应该知道的包豪斯 50 件圣品 [M]. 宋昆译. 天津: 天津大学出版社, 2012: 57.

图 14：法兰克·怀特佛德. 包豪斯 [M]. 林育如译. 台北: 商周出版社, 2012: 158.

图 15：约瑟夫·斯特拉瑟. 你应该知道的包豪斯 50 件圣品 [M]. 宋昆译. 天津: 天津大学出版社, 2012: 72.

图 16：约瑟夫·斯特拉瑟. 你应该知道的包豪斯 50 件圣品 [M]. 宋昆译. 天津: 天津大学出版社, 2012: 106.

参考文献：

[1] Hans M. Wingler. *The Bauhaus: Weimar, Dessau, Berlin, Chicago* [M]. Cambridge : The MIT Press, 1976.

[2] Barry Bergdoll,Leah Dickerman. *Bauhaus 1919-1933: workshops for modernity* [M]. New York: Museum of Modern Art, 2009.

[3] Ulrike Muller. *Bauhaus women* [M]. London: Thames&Hudson, c2009.

[4] William Smock. *The Bauhaus Ideal Then and Now:An Illustrated Guide to Modern Design* [M]. Academy Chicago Publishers,2009.

[5] *Bauhaus:a conceptual model* [M]. Ostfildern: Hatje Cantz, 2009.

[6] Nicholas Fox Weber. *The Bauhaus group:six masters of modernism* [M]. New Haven: Yale University Press, 2011.

[7] 格罗皮乌斯. 新建筑与包豪斯 [M]. 张似赞译. 北京: 中国建筑工业出版社, 1979.

[8] 利光公. 包豪斯——现代工业设计运动的摇篮 [M]. 刘树信译. 北京: 轻工业出版社, 1988.

[9] 弗兰克·惠特福德. 包豪斯 [M]. 林鹤译. 北京: 生活·读书·新知三联书店, 2001.

[10] 王建柱. 包浩斯——现代教育的根源 [M]. 台北: 艺风堂出版社, 2003.

[11] 张晶. 设计简史 [M]. 重庆: 重庆大学出版社, 2004.

[12] 弗兰克·惠特福德. 包豪斯——大师和学生们 [M]. 陈江峰, 李晓隽译. 北京: 艺术与设计杂志社, 2009.

[13] 鲍里斯·弗里德瓦尔德. 包豪斯 [M]. 宋昆译. 天津: 天津大学出版社, 2011.

[14] 约瑟夫·斯特拉瑟. 你应该知道的包豪斯 50 件圣品 [M]. 宋昆译. 天津: 天津大学出版社, 2012.

[15] 法兰克·怀特佛德. 包豪斯 [M]. 林育如译. 台北: 商周出版社, 2012.

[16] 约翰·拉斯金. 建筑的七盏明灯 [M]. 谷意译. 济南: 山东画报出版社, 2012.

[17] 尼古拉斯·佩夫斯纳. 现代设计的先驱者——从威廉·莫里斯到格罗皮乌斯 [M]. 王申祐, 王晓京译. 北京: 中国建筑工业出版社, 2013.

[18] 尼古拉斯·福克斯·韦伯. 包豪斯团队：六位现代主义大师 [M]. 郑炘, 徐晓燕, 沈颖译. 北京: 中国建筑工业出版社, 2013.

[19] 王启瑞. 包豪斯基础教育解析 [D]. 天津: 天津大学, 2007.

[20] 高颖. 包豪斯与苏维埃 [D]. 天津: 天津大学, 2009.

[21] 王旭. 包豪斯的课程设置 [D]. 天津: 天津大学, 2012.

作者：王旭，天津大学建筑学院博士生；宋昆，天津大学建筑学院　教授

时空交互、色彩立体、由表及里、综合感知

——抽象绘画与空间构成训练基础教学的尝试

韩林飞　兰棋

Basic Teaching Attempt on Abstract Drawing and Spatial Composition Exercises

■摘要：现代抽象绘画赋予了当代艺术更强烈、更深刻的感染力，它的色彩表现手法和对空间的处理理念，被越来越多的设计造型创新者所吸取。现代建筑的空间表现与现代抽象绘画的空间塑造方法有密切的关系。

对于现代建筑教育来说，研究现代抽象绘画与建筑空间的相互关系，比较两者之间相通的构成方法并相互借鉴，应成为基础教学重要的组成内容。本文阐述了现代抽象绘画与建筑空间之间在空间及色彩构成上的联系，应用其基本原则在建筑构成初步教育中，探索和尝试现代绘画色彩及空间构成的基本规则在建筑空间构成中的应用，这一过程对于培养初学者的造型能力、空间感知力具有积极的作用，这种将抽象绘画与建筑空间训练结合一体的教学创新方法将会为我国现代建筑学基础教育改革提供有益的帮助。

■关键词：抽象绘画　建筑空间　空间感知　色彩构成　互通借鉴　教学尝试

Abstract：Modern abstract drawing makes modern art to be more appealing and attractive，its technique of color expression and space philosophy are learned by more and more modeling innovators．The spatial performance of modern architecture closely related to the space design of modern abstract drawing．

In modern architectural education，analysis on the relationship between modern abstract drawing and architectural space，comparison of similar composition methods with each other and their mutual reference should be the important parts of basic teaching．The paper elaborates the spatial and color composition relationship between modern abstract drawing and architectural space，tries to apply the basic color and spatial composition principals of modern drawing in architectural spatial composition and the preliminary architectural composition education．All of these would be helpful for beginners to train their modeling abilities and spatial awareness．To a certain degree，the new teaching attempt would promote the reform in Chinese modern architectural education，especially at the first stage of education．

Key words：Abstract Drawing；Architectural Space；Spatial Awareness；Color Composition；
Mutual Reference；Teaching Attempt

古典绘画艺术以客观表面的写实与描写作为绘画者眼中的空间表达手段，以一点透视，在特定的时刻和一个时间点来通过色彩、光线等技法展示绘画的图像，其特点是以写实为基础，注重诠释事物实实在在的外表形式特征。直到 19 世纪末，传统的古典绘画艺术在艺术界都处于绝对的统治地位，20 世纪初期现代抽象艺术的出现，彻底颠覆了传统绘画艺术的表现形式和内涵，写实绘画一统天下的局面就此结束。相对于古典绘画的具象特性，抽象绘画赋予图像更深层次的含义——现代抽象绘画主张脱离现实，用抽象写意来反映纯粹的客观世界，甚至抒发作者深层心理活动的精神世界，用客观内在的抽象与立体来表现作者思维中的空间关系及其客观的存在形式。

对于建筑造型艺术，它与绘画一起都被囊括在传统的七大艺术门类之中，尽管建筑对于客观社会更像是一门科学技术，但我们却无法否认建筑的艺术感知和空间表达，这正是建筑工程与艺术结合的魅力所在。"艺术的根源都是相通的"，现代抽象绘画对于空间的表现方式较以往有了极大的不同，而建筑设计本身更是对以人为中心尺度的空间塑造，无论是内部空间、外部空间，还是所谓"灰空间"的过渡空间。通过对现代抽象绘画中空间的解读，和对建筑空间的探索研究，建筑师不难发现二者之间有难舍难分、千丝万缕的联系。

虽然并不是每一位建筑师都充分了解现代抽象绘画与建筑空间的关系，但对于设计者将是非常有价值的经验。将抽象绘画与建筑空间关系的相关要素和分析方法作为一项建筑学基础教学内容，建立起一套现代艺术理念的建筑教育教学体系，这样的教学创新与尝试具有与时俱进的现实意义。

在北京交通大学近年来的教学改革试验中，尝试在建筑学低年级学生中增加开设现代抽象绘画与建筑空间训练的课程。相对于现在传统的建筑学教育模式，注重现代空间内涵的写意与感知，注重空间的抽象与立体，正是抽象绘画与建筑空间训练强调教学实践更加重视现代建筑造型的实质内容。这是一次改革性的、探索性的教育尝试，对于丰富我国现代建筑的基础教育意义重大。

1.抽象绘画与建筑空间

1.1　现代抽象绘画的起源和发展

作为现代抽象艺术起源的创始人之一，伟大的俄国画家康定斯基[1]的一次偶然经历向我们描述了现代抽象绘画表达的实质。他在《自传》中写道："(1908 年的) 一天，暮色降临，我画完一幅写生后带着画箱回到家里，突然我看见房间里有一幅难以描述的美丽图画，这幅画充满着一种内在的光芒。起初我有些迟疑，随后我疾速地朝这幅神秘的画走去。除了色彩和形式以外，别的我什么也没有看见，而它的内容是无法理解的。但我还是立刻明白过来了，这是一幅我自己的画，它歪斜地靠在墙边上。第二天我试图在日光下重新获得昨天的那种效果，但是没有完全成功。因为我花了很多时间去辨认画中的内容，而那种蒙眬的美妙之感却已不复存在了。我豁然地明白了：是客观物象损毁了我的画。"正是这种令人新潮澎湃的感觉，使康定斯基从中得到启发：具象与写实使画面显得平庸、寻常；而抽象与立体却使画面充满了生动和美感。而这也就是现代抽象绘画的本质。

康定斯基被誉为"抽象绘画之父"，他在 1926 年出版的关于抽象艺术设计专著《点、线、面》也成为世界抽象绘画艺术的重要教材。但抽象绘画的影响力并不是凭康氏一己之力实现的，与康定斯基同时为现代抽象绘画艺术做出重大贡献的还有一批知名艺术大师，如蒙德里安[2]、马列维奇[3]等。正是这些杰出的艺术大师们的共同努力，使现代抽象主义思潮在 20 世纪 50 年代达到了巅峰。

总体来说，现代抽象绘画是对传统自然写实主义传统的挑战，并对于当今各个领域中现代艺术的表现产生了极其深远的影响。可以毫不夸张地说，如果没有抽象艺术，西方现代艺术的丰富内容是难以构建的。但抽象艺术的发展并不是一帆风顺的。传统审美观在人们心中的根深蒂固，对客观世界外在认识的局限，导致一些人认为抽象造型艺术是一种荒诞的艺术，甚至认为它是对美的亵渎。正如阿尔森·波里布尼[4]所说："抽象艺术真可称得上是 20 世纪典型的艺术样式了，可是没有一个人敢断言它属于通俗的艺术样式。对于广大民众来说，它仍然像喜马拉雅山一样——太高、太远，无从探测，不可理解。"

抽象绘画被誉为现代西方艺术史上最为伟大的成果之一，但不可否认，它始终都不是普通大众审美所能接受的艺术形式。但作为建筑师，抽象绘画对于现代建筑空间造型的影响是不容忽视的，在抽象绘画中建筑师能够发掘出诸多与建筑空间、色彩形体有关的、相通的造型手法与内容。

1.2 抽象绘画中的空间体现

西方绘画艺术的发展中，透视学的发现是至关重要的一步，它使得传统的二维图像显示出三维的立体效果。所以，传统的画面图形所体现的空间感一般是利用透视原理，再根据视觉对象的明暗、色彩的深浅和冷暖差别，表现出物体之间的远近层次关系，使人在平面的范围内获得立体的、具有深度的空间感觉。

但在抽象绘画中，在表现形式上更注重自由感的表达，这种不确定的几何形与色块往往被认为是纯粹感性的结果，属于情绪宣泄的产物。实际上，抽象艺术中的几何形与色块是有章可循的，只是相对于具象绘画艺术而言，其艺术内涵与表现方式有了很大的不同。传统绘画讲究客观的写实与真实的描写，对客观对象表现出真实的映射关系；而现代抽象绘画则主张客观的抽象与写意的立体。针对的对象还是客观现实，但表现方法却更加理性与科学，科学地将艺术的元素从客观实体对象中分离出来，这些元素是构成艺术作品最基本的要素，即点、线、面和色彩。康定斯基和蒙德里安通过对这些元素在作品中的运用，探索其科学而独特的表现价值与表现力，从而有力地证明抽象艺术的科学理性价值。

众所周知，点、线、面是构成艺术品的最基本的要素，抽象艺术在摒弃具体物象、探索自身语言的实践中，通过点、线、面这些具体的元素，探究抽象绘画的深刻科学意义。"抽象"，顾名思义，是对自然事物基本特征的抽离之后，加之以个人的思想感情再次表现。对于事物我们将这个过程称之为概括或是简化，而对于绘画，这个过程更多的是反映了作者对于一级既定对象在空间、色彩方面深层次理解的再现。因此抽象艺术家们对空间的不同理解导致其艺术风格的不断变化，其所创造的空间表现方法，为绘画及空间设计的拓宽、艺术表现和审美价值的提升做出了巨大的贡献。因此，分析艺术家对空间处理的多样性，对当今我们进行图形空间的认识意义深远，特别是建筑师对抽象绘画的空间理解，以及抽象绘画中的实体空间表达，将抽象艺术画面中的抽象空间与以人为尺度标准的建筑空间联系起来，为当代建筑提供更多的空间造型表达思想。抽象绘画与当代建筑空间创造是具有广泛的共通性，针对抽象绘画中所表达的空间的研究对实体建筑空间的创造意义重大！

在当今世界建筑界，诸多知名的大师仍然深切地迷恋着现代抽象绘画，并将其对现代抽象绘画空间的独特理解，融入建筑创作当中。例如，扎哈·哈迪德 (Zaha Hadid) [5]、丹尼尔·里勃斯金 (Daniel Libeskind) [6]等等。其中，著名的扎哈·哈迪德曾执迷于对现代抽象绘画作品的创作，她以建筑创作中的建筑形式片断为元素，通过多角度、多视点来进行重构，以此表现一种动态的三维空间(图1)。她这样描述自己的绘画作品："平面层次上的空间和地形变化以及无明显特征的色彩运用都与俄国的至上主义和构成主义某些作品在作品风格与形式上有奇妙的形式上的联系。"哈迪德的实践经验表明，她对于建筑非线性及解构的设计思想无疑受到了现代抽象绘画的深刻影响。同样，丹尼尔·里勃斯金的建筑作品以其大胆的构思、独特的形态而被冠以解构主义、观念建筑等"标签"，这些标签的背后隐藏着他从现代抽象绘画的构成主义造型中汲取的营养。在他的作品中，常常用到倾斜的地板和不成直角的墙角来塑造建筑空间，给人以超乎寻常的空间震撼 (图2)。

图 1　扎哈·哈迪德绘画作品 (上：二十间公寓；下：城市文脉的再发展)

图 2　丹尼尔·里伯斯金建筑设计作品 (左：多伦多皇家博物馆；右：柏林犹太人大屠杀纪念馆)

现在就读的建筑学专业的同学，他们将成为未来的新一代建筑师。建筑基础教育的目标就是通过对不同艺术形式的空间表达手法研究，培养学生的空间感知兴趣和空间欣赏素养，因此将这种对于抽象绘画空间的理解传达给初学建筑的空间探索者们，进行抽象绘画与空间训练的基础教学，以求能够在初识建筑的时候，对建筑空间和现代人类的造型艺术有更为深刻的感知和认识体验。以上正是进行这样的教学改革与创新的根本出发点。

2.现代抽象绘画与空间训练的教学尝试

在我国，系统的建筑学设计专业基础教育更偏重于学生写实主义描写能力的培养，绘画技法是重要的培养手段，但现代建筑空间则呈现出抽象与立体的特征，与现代抽象绘画非常一致，因此，传统的技法式的写实主义的基础教学方式已受到了极大的冲击与挑战。

在中国，直到20世纪中后期，社会建设的大规模跨越式发展，建筑学专业才真正受到广泛的关注，在中国社会日益发生的巨大现代化变化过程中，在现代主义文化的影响和大众审美的不断变化中，人们对建筑设计专业现代空间创新的要求也在不断地提高。因此，目前建筑设计基础教学面临着前所未有的压力和挑战。传统教学更多地传授给同学们的是特定审美模式下传统教条的设计思想和技巧，而并非是对现代建筑空间造型设计根本的思考，这样的技巧训练在某种程度上充满了对于个性创造的束缚，以至于学生在设计中往往忽略了自我感受和创作因素的表达。从某种程度上，这是对学生创造力的抹杀，现代建筑教育这种教学模式急待改善。

笔者早年在莫斯科建筑学院学习与从事教育工作期间，与导师D.O.Shividkovcki，以及P.Pronin教授和A.普利什肯教授一起进行抽象绘画与空间训练的教学研究，直至今日，任教于北京交通大学建筑与艺术学院。多年、多国、多校的教学经验中努力探索新的教学方式，其中之一是尝试将抽象绘画与现代空间训练融为一体，促成学生基础能力的培养，其目的一方面是为改善现有教学体系中对现代艺术缺乏研究的现象，另一方面则为了培养学生空间感知的基本能力，并为其创造力的发挥积累素材、奠定基础。

2.1 空间构成现状基础教学中存在的问题

2.1.1 现有基础教学模式对培养学生现代建筑空间感认知能力的影响不足

对于建筑设计的本质而言，其实就是对现代空间的塑造。对于一件成功的建筑作品，学生更多的是看到其空间的复杂性和丰富程度，但却忽视了空间形成的过程和其抽象的本质。包豪斯教师克利曾认为，"所有复杂的有机形态都是由简单的基本形演变组合而成，如果要掌握复杂的自然形态，关键在于了解自然形态形成的过程，同时赋予自然形态以生命力"。同样，对于现代建筑空间的塑造，也要求对于基础空间有足够的感知和认知的能力，这正是学生们的不足之处。由于缺乏对现代空间的基础感知和认知能力，他们的作品更多地表现出对一些设计技巧的模仿和复制，缺少了空间创造的生命力。

2.1.2 学生对现代艺术审美及其综合性认识的欠缺

建筑设计行业发展至今，已经不仅仅是一门纯技术科学，更是一门空间艺术的创造。如果说对现代空间的认知是建筑创作生命力的根源，那么对现代艺术审美及其综合性的认识就是创作生命力的灵魂。对现代空间的感知，结合设计师自身的意识形态，成就了建筑空间的多样性和丰富性，但是自身的意识形态在创作中的应用并不是随心所欲的。什么才是真正有强烈艺术感、符合现代审美基本规律、能够令人心潮澎湃的建筑空间？这需要设计者自身有较高的现代艺术素养和审美认识。

对于建筑学专业的学生，艺术审美及其综合性认识的建立，除了在整体教学各环节学习中积累以外，更重要的是给其早期的基础训练教育，这也是现状建筑学专业教学所涉及较少的方面。而现代抽象绘画可以说是抽象空间变现的一个重要方面，看似杂乱无序的画面，其中却蕴含着严格的现代美学规律，画面中的图形通过抽象产生，但又完美地体现了美学中所要求的现代内涵。将现代抽象绘画作为研究对象，对于培养学生认识现代艺术审美及其综合性是非常有效的。

2.1.3 学生对现代时空观念理解的误区

建筑时空观念是人类在文明发展过程中，对建筑自身的场所、形状、大小、方向、距离、排列顺序等空间要素的感知与建筑事件发生的先后顺序、速度快慢、持久短暂等时间要素的感知的综合体验，以及由此引发的抽象思维与空间构成的应用，即三维空间与时间结合在一起的连续无限的时空统一体。对建筑来说，与过去不同之处就是不是把人看作静止不动的、从一个角度进行观赏体验，而是从内到外、从四面八方在时空流动中体验建筑。从相对论来说，也可以说围绕着人动或人不动，建筑展现出同时性运动。只有在动中才能真正体验到时间这个概念。可以看出，时空观念对于现代建筑设计是一个重要的思维方式。

对于时空观念的培养是一项长远的基础教学任务，现有的教学方式从最初的思维过程中就造成学生对时空理解的不完整。众所周知，国内建筑学专业最为主流的基础训练之一就是素描训练。素描，是西方写实主义绘画的重要手法；在时空观念上，素描是特定时间单一空间的描绘，是简单唯一的时空观。这种传统的技法式的教学方式塑造了学生对于时空观念理解的误区——建筑的设计是单一的三维空间，是一点透视的空间体验。而现代建筑时空是空间的流动、时间的跨越，成功的建筑作品应该体现时间、空间的穿插与融合，体现基于现实又高于现实的精神。而这正是现代抽象绘画表现力求体现的一个方面，与写实主义技法式的训练方式相比，现代抽象绘画对于学生时空观念的培养更具有非常重要的现实意义。

2.1.4 学生对于空间构成的逻辑思维不够清晰

除了上述几项不足之处，学生还面临一个重要的问题就是在建筑设计过程中，空间逻辑思维的理性不足。普遍的学生都存在逻辑思维与形象思维脱节的问题，但建筑设计却恰好就是两者的结合，缺一不可，因此作为对建筑师的培养，逻辑思维和形象思维完美的结合是教育的根本目标。而现代抽象绘画正是逻辑与形式抽象的完美结合，有别于传统写实绘画，它可以为现代建筑学空间的抽象与立体提供较好的基础关联。

正因为如此，将现代抽象绘画与建筑学初步教学空间训练联系起来，是一次新的基础教育的勇敢尝试，而这种教学尝试要做的就是寻求一种合适、合理的方法培养学生自我的创造能力与抽象空间认知能力。

2.2 抽象绘画与空间训练教学的思路与方法

2.2.1 教学思路

对于刚刚步入大学的新生，中国特色的应试教育所强化的学习习惯为抽象绘画与空间训练教学带来了一系列的问题。大学之前，中国学生完全适应了应试教育的方式，甚至形成了惰性，学习知识的方法极其被动，导致学生缺乏探索精神，习惯于接受约定俗成的东西，接受棱角分明的、非此即彼的理论知识，但这恰恰是创新教育所不希望、不愿意他们吸收的内容，"授之以鱼不如授之以渔"，这才是创新教育所应该体现的道理。

因此，在抽象绘画与空间训练的教学中，首先要打破这种"填鸭式"的教学模式。对现代抽象绘画与建筑空间的基本认知，不能仅停留在被动接收的阶段，要让学生亲身理解与体会，积极地、主动地去探索其中的规律和内涵，认知"抽象"与"立体"之实质，并通过这类抽象绘画和建筑抽象空间融合转化的动手训练，培养学生在空间构成方面的逻辑和创新思维的能力。具体教学训练方法归纳如下。

图 3　人物画作品 *Drei Frauen Meer*

图 4　*Drei Frauen Meer* 作品所用色系

图 5　色块重组

图 6　色相改变

图 7　纯度改变

图 8　明度改变

2.2.2 教学方法

第一，色彩重组与色块搭配训练：色彩的空间构成。色彩是影响人们对于绘画作品感受的最为直接的条件之一，色彩的明暗、深浅对作品所体现的空间体量关系、顺序关系有极大的影响。而且，色彩也是现代抽象绘画与传统绘画空间表现手法的重要区别之一。传统绘画大多选用调和色或是相近的色系，强调光源色与环境色，维持画面的和谐，这也是写实主义手法的表现；而现代抽象绘画在这方面则更为理性，更强调客观事物自身的纯净色彩，大多选用纯色系进行画面表达，形成画面中强烈的反差对比，而抛弃了光源色、环境色对事物本身纯洁色彩的遮盖，这是一种对自然真实的理性的尊重，是内心情感的直接表达，也更好地诠释了画面的色彩空间感。

色彩重组搭配的联系，应选取一些画面简单的抽象绘画作品为对象，给予学生充分的色彩理解和思索空间，发挥自身想象力、创造力，在色彩上去重新构建大师作品。通过实践训练，从而得到对空间色彩色块关系的初步感知。

例如，我们选取施米特·罗特卢夫[7]的人物抽象作品 Drei Frauen Meer（图 3）进行说明。其本身的图面色彩非常丰富，通过色彩的强烈对比关系，在规整中凸显活泼，搭配经典的色彩与硬朗的造型设计，再突出拼接色块，更好地表现了物体形象与背景空间的层次关系，是色彩感知训练的优秀素材。对于这幅作品的训练，通过色块的拼接和组合，强调能够在变化中保持一定的色彩秩序的训练特点。当然，对于色彩的训练，手法因人而异，可以先将原画中的色彩提取出来，为色彩训练提供参考（图 4）。例如，本身色块的重新搭配，颜色的色相、纯度、明度等（图 5～图 8）都可以成为色彩训练的手法，尝试通过改变所用色彩的基本属性，来凸显整个画面的进深与层次感，使得平面空间通过色彩表达而更加立体，为空间想象力的培养打下良好的色彩构成基础。

第二，图形的抽象与感知能力培养：平面与空间构成手法的认识。进一步锻炼学生对于抽象空间构成方法的认识。选取图形关系较为复杂的现代抽象绘画作品，让学生通过自己的理解和认识，从画面中"抽象"出空间体块的图形元素；再通过着色的手法表现自己所理解的空间体块的色彩关系。

以亨利·马蒂斯（Henri matisse）[8]著名肖像画《戴帽子的妇人》为例（图 9）。首先可以通过对原作的临摹，体会马蒂斯对人物形体表现的构成方法以及明暗色彩的把握；经抽象的色块以原色或部分环境色突出在画面上，不仅仅是背景和帽子，还有这位妇人的脸部容貌，都是大胆的绿色和红色的色块堆砌，轮廓通过色块的组成勾勒出来；通过对原作进行整体抽象化的色块组成处理（图 10），提取其局部所采用的纯原色的色彩，用色彩重组的形式以及其强烈的色彩对比来表现立体空间（图 11）。这种对平面空间抽象的提取训练，使学生体会抽象绘画中的空间表达与实体空间组成的异同，为今后建筑空间形态构成的设计打下良好的空间感知基础。除此之外，表达还可以借助纸质模型辅助的方式，加深对图形色块的抽象及空间感知的理解（图 12）。

图 9 马蒂斯原作——《戴帽子的妇人》

图 10 色块抽象

图 11 色彩重构

图 12 图像抽象

总结以上对于平面空间的抽象，这种训练手法还可以借助透视方法推理抽象绘画中形体形成的过程。通过这个过程，学生不仅可以更深切地体会抽象绘画对于空间的表达，更能清晰、准确地完成对平面空间提炼的尝试。

以梵高[9]《海边的渔船》为例（图13），说明平面空间抽象的具体方法。首先，通过对画面透视关系的分析，我们可以推敲出画面形体形成的思路和过程（图14）；然后根据这个过程，科学而准确地对画面空间进行抽象，可以结合画面色彩用色块表达抽象出的空间关系（图15）；最后将抽象出的空间再次进行几何化的处理，使其能更好地与建筑空间训练的基本功形成联系（图16，图17）。

第三，从现代抽象绘画作品中体验建筑空间：通过模型构成能力的培养，感知空间与构成空间。在前两个训练步骤的基础上，将经自我思考的"抽象"构成所得来的平面空间图形赋予一定的空间高度和形式（这需要一定的空间逻辑关系），然后将其转化为空间立体的建筑空间三维概念模型。通过这一系列的训练，加强学生对于空间感知、时空概念、空间构成等方面的基础认识。

形态可以说是最基础的设计元素。在练习中，从不同学生对色彩的直觉和心理效果出发，用科学分析的方法，把复杂的色彩现象还原为简单的基本要素。利用色彩在空间、体量与本质上的可变换性，按照一定的规律去组合各构成形体之间的相互关系，创造出新的色彩构成效果。同样的，形态作为视觉色彩的载体，总有其一定的平面体量，即面积，因此，从这个意义上说，面积也是色彩不可缺少的特性。例如，选择 Михаи́л Васи́льевич Матю́шин[10]的一幅抽象画平面构成作品 M.Matlownh 作为原型（图18），通过之前所学的各种手法进行色彩演变、构成进化（图19，图20），最后生成几组风格迥异的色彩构成及由此衍生出的空间体态构成的模型（图21）。

图13 《海边的渔船》（梵高）

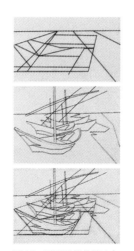

图14 平面透视的演变与体块关系的抽象

图15 平面空间的色块抽象

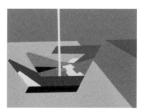

图16 抽象空间几何化 1

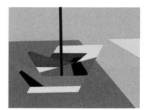

图17 抽象空间几何化 2

图18 原平面构成作品
M.Matlownh

图19 色彩色相、纯度改变

图20 黑、白、灰三色的构成

图21 衍生的抽象空间模型

3.抽象绘画与空间训练教学成果分析

3.1 学生作品分析

作品一：本题目选自蒙德里安的著名平面构成画作（图22），学生需要在矩形重组的过程中，对其进行构成元素的细部组合处理，"重新着色"，选用不同色系完成三组构图，之后再逐个演化成立体构成模型。通过练习，让学生尝试体会不同处理方式的表现效果。

在平面设计中，平面形象的无限延展与色彩的有机融合，构成了较为几何抑或是抽象的初始图案。这样，画面上任意两点的连线，整个组成了此画面上一种二维零曲率的空间延伸。

本练习以改变其明度、灰度的方式逐层演化初始抽象图形为题目（图23，图24），侧重训练从平面到空间再到空间体量转化的基本空间认知能力，熟悉并积累更多的细部处理手法和构成方式，有助于在设计中根据相同的建筑物平面形式，生成不同的建筑体量组合（图25～图27）。

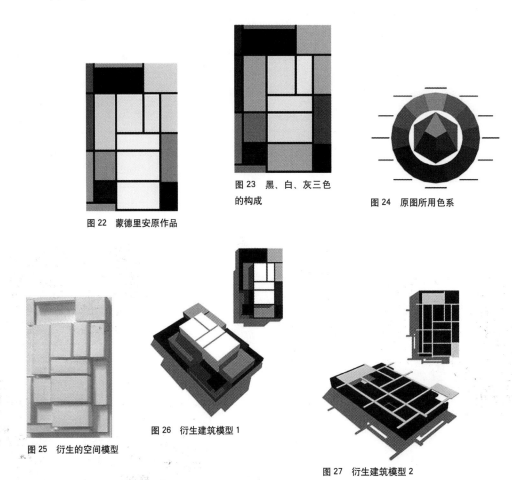

图22　蒙德里安原作品

图23　黑、白、灰三色的构成

图24　原图所用色系

图25　衍生的空间模型

图26　衍生建筑模型1

图27　衍生建筑模型2

作品二：选择自亚历山大·罗德琴科（Alexander Rodchenko）[11] 的著名画作（图28），以一个由多个细节色块叠加而成的色彩丰富的平面构成作品为原型，按照每个学生不同的自我理解进行同种色系、不同明度颜色的重新选择填色。

训练应着重考虑不同色块叠加后衔接色的选择和把握（图29），并将各细部通过纸质浮雕的形式创出不同体量感的空间立体模型（图30，图31）。

原作品由多个异形体穿插、叠加而成，酷似眼睛的形状。此色彩构成是视觉元素在二维的平面上，按照现代空间构成的视觉效果，体现力学的原理，进行编排和组合所构成的色彩空间构成，是以理性和逻辑推理来创造形象，并研究形象与形象之间的排列构成方法。

该练习旨在培养学生对色彩构成色块组织的掌控能力，以及对各个色彩细部衔接的过渡色的感知能力，并通过此次较为精细的抽象形态的演变，来提高学生对色彩的空间构成运用和对空间形体的领悟。简而言之，此类作品的练习可归类为理性与感性相结合的构成训练。

图 28　亚历山大·罗德琴科画作

图 29　色块重组

图 30　黑、白、灰三色的构成

图 31　衍生的抽象空间模型

　　作品三：以李西茨基 (EleazarLissitzky)[12] 的著名的抽象画为原型（图 32）。该练习侧重于训练弧线与直线所组成的几何形在改变色相、亮度等因素下，其颜色感知及形体转换的能力。

　　尝试选择不同的色系对原图进行色块重选与形体拼接（图 33，图 34）。通过 3～4 组练习体会颜色所划分的异形平面空间，并采用浅浮雕的形式，将所分隔的空间进行下沉与上浮的空间体的变化（图 35）。

　　练习通过分别改变其灰度、纯度、色相等，从而形成不同的彩色及无彩色构图形式。而灰色作为设计中的中性色，具有柔和多变的特点，是平凡、温和的象征；白色具有发射、扩张感，给人以明朗、透气的感觉，具有清静、纯洁、轻快的象征性。

图 32　李西茨基的抽象画作

图 33　黑、白、灰三色的构成

图 34　色彩重构

图 35　抽象空间提炼

尽管灰调的处理与彩色的重组比单纯的黑白处理复杂得多，但通过该练习，从浅色调到深色调的变化与重新进行色块构成的思考与体验过程中，增加了画面的层次与设计感，培养了学生对于不同色彩的情感表达与认知能力，进而训练学生对不同建筑材料所体现的色彩情感元素的关注及准确理解不同建筑材料的心理情绪暗示。

　　作品四：选自意大利著名的未来主义抽象画派代表大师 Enrico—Prampolini[13] 的抽象画作作为原型（图36）。在该练习中，可以尝试体验一些经典的色彩组合，也可以重新创造出独特的色彩配对（图37）。这是一种大胆的色彩重组和搭配方式的尝试，通过3～4组训练，体会建筑入口空间进深感的形成，并通过立体构成所学的各种手法进行空间体模型的生成练习，学生可以发挥个性的想象，创造1～2组模型方案，体会不同空间体所塑造的不同空间感，主要表现一栋建筑入口的进深空间及其各个组成部分的立体构成和空间层次感（图38）。

　　在此除了尝试色块重组、改变整体明度、纯度的方法外，还可以在改变其色相时，尝试选用原图的相似色系或互补色进行重新搭配，以及重新构图训练中，紫色与明黄色的互换。同时，也可将彩色图案进行相似色调的归类，整体转换为灰白甚至是无彩色构图形式；并借鉴引入原图中的图形构成思想，用以强化色块所形成的空间感，积累空间构成的经验。

图36　未来主义抽象画派大师 Enrico—Prampolint 的作品

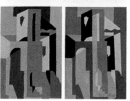

图37　色彩重构

图38　衍生的抽象空间模型

　　作品五：选择1～2个线构成图案为模板原型，如伊利亚·格里戈里耶[14]抽象画作《运动中的垂直轴线》（图39），尝试体会其图底之间的构成关系。同时，分别对其进行两组彩色与黑、白、灰色色调的色块重组实践训练，并根据所创作的新的色彩构成来制作2～3个反映其图底关系与空间错落感的空间体模型。

　　说到图底关系，脑海里会浮现出一幅幅轮廓清晰的图像，图像的具体形式无关紧要，重要的是，能够认可这种对比分明的表达方法及空间构成手法。

　　该练习侧重培养学生理解互补色与中间色（图40，图41）在色彩构成中的应用，以及图底关系在空间体模型中的具体体现（图42），为学生理解建筑空间构成的层次奠定基础。

　　在初步掌握图底关系的基础上，进而尝试运用图底分析方法来分析不同尺度下的建筑甚至城市空间的关系，建筑使用的积极空间和消极空间的关系，分析公共空间和私密空间的图底关系。

　　但是，不光尺度有"图底关系"，还有色彩的"图底关系"、秩序的"图底关系"、内部功能的"图底关系"等，而这些都是在今后的建筑空间构成学习中所要着重思考的问题。

图 39 伊利亚·格里戈里耶抽象画作《运动中的垂直轴线》

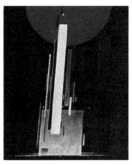

图 40 图底处理（对比色）

图 41 图底处理（中间色）

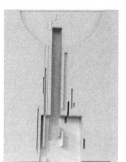

图 42 衍生的抽象空间模型

　　作品六：选择 1～2 个复杂程度不同的平面构成，如克鲁尼[15] 的抽象作品，分别进行二维（图 43）和三维上的演化，并通过制作素模和色彩模型来体会不同形式的空间体所带来的光影及立体效果。同时，可以将所制作的立体构成进一步衍生成建筑模型，进而体会从单纯的空间体到实际的建筑形体之间的转化过程，所列举的两个学生作业可以清晰地说明这个问题（图 44，图 45）。

　　图形创意的过程，是一种运用视觉形象进行的创造性思维的过程。学生通过该练习，尝试体会从平面到空间的微妙联系及精彩的视觉关系，利用其联系思考建筑空间的问题。

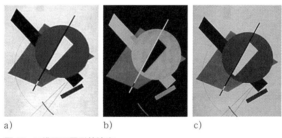

a) b) c)

图 43 二维平面图形的演变

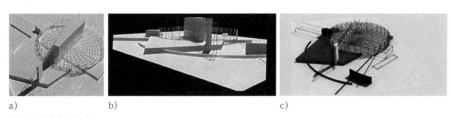

a) b) c)

图 44 学生作品方案一

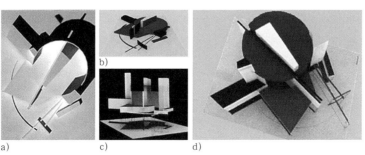

a) b) c) d)

图 45 学生作品方案二

很多时候构成训练完全局限于平面的狭小空间里，构成的思维被紧紧地束缚住了。如何能突破这种束缚，追求空间构成创新中的特殊魅力，是应该在基础教学中去积极探索和学习思考的问题。因此，该训练旨在培养学生从多角度、多思维空间去思考造型的能力，而不应该单纯从平面的视觉效果中去推敲形体的构成规律。

作品七：该练习着重培养学生对平面体与空间体的构成与相互转化能力，以及对于平面体轮廓色与填充色的搭配能力。选择康定斯基一幅由简单几何形通过重复、穿插、重叠组成的彩色构成作品 *black and violet* 为原型（图 46），首先训练学生对轮廓和填充色的重构（图 47），然后将图面去色（图 48），通过图底关系以及改变色调、纯度等手段（图 49），得到 3～4 组不同的构成图形，并由此衍生出能反应空间体基本构成思想的立体模型（图 50）。

空间构成是一个现代造型概念，其含义是指将不同或相同形态的几个几何形的单元重新组合成为一个新的单元，构成对象的主要形态，包括自然形态、几何形态和抽象形态；并尝试通过改变其轮廓线与填充肌理的颜色，赋予其视觉化的、力学化的观念。

空间构成的这个基本原理为这次教学改革的尝试指明了方向，新的教学训练通过平面构成探讨二度空间与三维空间的构成方式。构成形式主要有重复、近似、渐变、变异、对比、集结、发射、特异、空间与矛盾空间、分割、肌理及错视，等等。这些构成方法的层次区分及综合的应用适了学生的认识规律，通过对抽象绘画的构成关系的研究达到了建立学生基本建筑空间构成语言元素这一积极目的。

图 46　彩色构成作品 *black and violet*

图 47　改变轮廓和填充色

图 48　黑、白、灰三色调的构成

图 49　利用图底关系的转化

图 50　衍生的抽象空间模型

4.结语

现代平面抽象绘画空间是依靠点、线、面的错落和移位，形成平面性的空间，达到抽象与立体的空间表达目的，当这种平面性空间具有一定的构成规律时，就成了一种最纯粹的"平面的抽象空间"。它因点、线、面的不同构成方式，产生了与传统绘画的写实主义空间表达完全不同的效果。

对于中国现行的建筑学教育，对于未来建筑师的培养，现代造型的抽象与立体的表达内容应当引起建筑基础教学足够的重视，培养学生在建筑空间的现代体验和合理表达的能力。与现代抽象绘画结合的空间设计训练无疑是一项非常有意义的教育手段。这项基础训练需要系统的、有逻辑的教育过程来完成——时空交互、色彩立体、由表及里、综合感知。从平面色彩开始，分析抽象绘画的空间，完成立体空间的抽象，以此完成将表面的二维空间图像衍生出三维的实质空间模型，最终完成学生对时空观念的理解和对现代建筑空间的初步感知。这就是尝试开设抽象绘画与空间训练这门建筑学基础训练课程的根本原因。

该课程希望通过这样的训练让学生在开始接触建筑学的时候，能够有意识地将现代抽象空间与建筑空间感知相结合。这将是学生对于建筑空间认识的起步，也将是今后开始对建筑空间创造的基础，相信这项基础教学的尝试及现代艺术构成观念的形成一定能够对"未来的建筑师们"的职业生涯带来积极的、有益的帮助和影响。

（感谢莫斯科建筑学院、米兰理工大学、北京交通大学提供的优秀学生作品。作者们极具创造力的作品为本文的写作提供了莫大的帮助，但因图幅众多，无法一一列举，在此向各位作者致以最诚挚的感谢。）

注释：

[1] 瓦西里·康定斯基（Василий Кандинский），1866.12.16～1944.12.13，苏联著名现代抽象画家和美术理论家；与彼埃·蒙德里安和马列维奇一起，被认为是抽象艺术的先驱。

[2] 彼埃·蒙德里安（Piet Cornelies Mondrian），1872～1944年，出生于荷兰；抽象派代表人物之一，为欧洲新艺术带来极大影响；1917年创立"风格派"艺术团体。

[3] 卡西米尔·塞文洛维奇·马列维奇（Kasimier Severinovich Malevich），1878～1935年，俄国画家，几何抽象派的先驱，至上主义艺术奠基人；曾参与起草俄国未来主义艺术家宣言。

[4] 阿尔森·波里布尼（Arsen Pohribny），美国著名艺术评论家，著有《Abstract painting》一书，阐述了抽象绘画的艺术特征及其在20世纪数十年来的发展情况与影响。

[5] 扎哈·哈迪德（Zaha Hadid），1950.10.31～，伊拉克裔英国建筑师，生于伊拉克巴格达，后来定居英国，于2004年成为首位获得普利茨克建筑奖的女建筑师。

[6] 丹尼尔·里勃斯金（Daniel Libeskind），1946～，德国籍犹太建筑师，在德国柏林组建自己的建筑设计所；代表作有柏林犹太博物馆，9·11世贸大厦遗址等。

[7] 卡尔·施米特·罗特卢夫（Karl Schmidt-Rottluff），1884～1976年，德国画家、平面艺术家、雕塑家；德国表现主义代表人物，德国表现主义先驱社团——"桥社"——创始人之一。

[8] 亨利·马蒂斯（Henri Matisse），1869.12.31～1954.11.3，法国画家、雕塑家、版画家；野兽派的创始人及主要代表人物；最重要的古典现代主义艺术家之一。

[9] 文森特·威廉·梵高（Vincent Willem van Gogh），1853～1890，荷兰后印象派画家；表现主义的先驱，深深影响了整个20世纪的现代艺术，尤其是野兽派与表现主义。梵高的作品，如《星夜》、《向日葵》和《有乌鸦的麦田》等，现已跻身于全球最具名，广为人知与最昂贵的艺术作品的行列。

[10] Михаил Васильевич Матюшин，1861～1934年，俄国画家，艺术理论家和音乐家；20世纪初期俄国前卫艺术代表人物。

[11] 亚历山大·罗德琴科（Alexander Rodchenko），1891～1956年，苏联摄影艺术家；俄国革命后出现的最多才多艺的构成派艺术家之一。

[12] 埃尔·李西茨基（EleazarLissitzky），1890.11.23～1941.12.30，苏联艺术家、设计师、摄影师、印刷家、辩论家和建筑师；苏联先锋派的重要人物。与他的导师马列维奇一起创立了至上主义流派，为苏联设计无数展览品和宣传品。他的作品极大地影响了包豪斯的造型艺术。

[13] 普兰泊里尼（Enrico-Prampolini），1894～1956年，是意大利未来主义艺术（1908～1918）著名的代表人物。

[14] 伊利亚·格里戈里耶（ЧАШНИК, ИЛЬЯ ГРИГОРЬЕВИЧ），1902～1929年，俄国画家、平面艺术家，前卫艺术代表人物；曾任教于"Unovis"，参与建筑设计研究。

[15] 克鲁尼（Иван Васильевич Клюн），俄国画家、艺术理论家；20世纪前期俄国前卫艺术代表人物。

参考文献：

[1]（俄）康定斯基. 论艺术的精神 [M]. 李政文，魏大海 译. 北京：中国人民大学出版社，1987.

[2] 叶蔚冬，魏春雨. 从平面构成到建筑造型——关于建筑造型的一种思维方式的再认识 [J]. 华中建筑 .2002(4).

[3] 阿尔森·波里布尼. 抽象绘画 [M]. 王端廷 译. 北京：中国人民大学出版社，1998.

[4] 王俊彦，吴忠庆. 时空新观念下的建筑创作 [J]. 城市建设理论研究 .2012(1)：1-5.

[5] 严晨，杨智坤. 抽象艺术设计思想在网页设计中的应用 [J]. 科技与出版 .2011 (5)：60.

[6] 保罗·克利. 克利与他的教学笔记 [M]. 周丹鲤译. 重庆：重庆大学出版社，2011 (6).

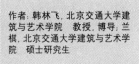
作者：韩林飞，北京交通大学建筑与艺术学院 教授，博导；兰棋，北京交通大学建筑与艺术学院 硕士研究生

与苏格拉底同行

——我眼中的设计与理论教学

青锋

Walking with Socrates: Some Observations on Teaching Design and Theory

上学期末，在讲评建一LDY 同学充满黑暗气质的工会改建方案时，情不自禁地引用了尼采在《悲剧的诞生》中所阐述的阿波罗与狄俄尼索斯两种倾向的对立并存。在学院主流价值体系的引导下，绝大多数正常的课程设计所渲染的都是一种健康、快乐、祥和、温暖的阿波罗氛围，而 LDY 的设计则很好地映衬了希腊神话中酒神狄俄尼索斯的老师西勒诺斯（Silenus）那著名的断言："对于人来说，最好的事情是不要出生，从不存在，或只是空无。"因为存在只是一出悲剧，所以地狱比活着更具有吸引力，LDY 的设计塑造了地狱氛围的种种空间效果。特拉尼（Terragni）在但丁纪念堂的设计中也曾经设置了堪称经典的地狱场景，但不同之处在于，特拉尼在但丁纪念堂中所营造的是从地狱到帝国，从黑暗到光明的攀升序列，而 LDY 的设计中并没有提示任何逃离地狱的企图，他甚至将图纸标注上自己的名字用黑框框了起来，以示在地狱中乐不思蜀的沉醉状态。这个设计唯一残存的一点温情是，LDY 手下留情，没有将指导老师王南的名字也给框起来。

以上这段话是我在讲评时想说的，不过实际场景中并没有说完，令人尴尬的是，尼采两个字刚刚出口，一阵被压抑的笑声又从人群中传来。或许有的同学认为将自己的课程设计与尼采、阿波罗、特拉尼这样的名字并置在一起实在有些荒谬，不仅仅是时间、空间与文化上的距离，更难以令人接受的是将日常设计的琐碎体验与这些远在天边的"高深"理论硬凑在一起，这不科学。

这样的场景，常常让我想起孔乙己，用手指蘸了黄酒在桌子上写字，你知道回字有四种写法吗，所讲述的不过是与旁人日常生活毫无关联的知识。但是，事情往往不是这么简单，一种知识到底有没有用并不是那么容易判断的，即使它是孔乙己式的咬文嚼字。在 20 世纪对建筑影响最为深远的哲学文本——《建造·安居·沉思》（*Building, Dwelling, Thinking*）——中，海德格尔分析了德语中 *bauen，bü ren，beuren，beuron，buan，bhu，beo* 等词语的共同词源，进而阐述了他所认定的建筑的终极目标——人的安居。这种对古代字词近乎偏执式地追根溯源已经是当代理论中最重要的研究方法之一，我的一位希腊同学曾经荣获英国皇家建筑师学会（RIBA）博士论文主席奖，他所依仗的秘密武器之一就是追索某些建筑概念的希腊词源，进而展开更深入的分析。试想孔乙己如果会四种"建"字写法，可能还真的有必要去探寻一番。

正是有了这些想法，我才仍然坚持将同学们的作品与那些遥远和陌生的名字联系起来，当然，笑声也会在某种程度上影响我这样做的程度，比如在 LDY 的例子中，我实际上只谈到了阿波罗与狄奥尼索斯，而并未提及西勒诺思。必须承认，有的道理也并不需要提起尼采或海德格尔的名字才能说清楚，我这样做还有一个朴素的理由，让同学们意识到这些名字、这些观念并不遥远，也并不神秘，它们本就应该在我们身边经常出现。大家觉得陌生、觉得好笑看似是正常的反应，但是从某种角度看来，这种正常反应有可能恰恰是不正常的。假如在我们知识体系中，尼采与海德格尔应该同勒·柯布西耶与密斯·凡·德·罗占有同样地位的话，那这些不就应该是我们耳熟能详的东西吗？那我们的陌生感与笑声不是应该值得反思吗？

好在这样的情况并没有出现，同学们的必修课程中并没有西方哲学史或者是西方思想史，我们不需要了解这些东西就能够正常地完成课程、拿到学位，而即使是费尽心力了解了它们也不一定能够让自己的设计立刻改头换面。由此看来，同学的笑声能够在我们当下的教学体系中获得支持。

但是，我想提醒大家的是，我们学院的历史仅仅起始于 1946 年，即使上延到包豪斯也不过是 1919 年，与建筑文明的历史相比起来无异于白驹过隙，或许用历史经验来参照当下的体系仍然是有所益处的。翻开史书，我们会发现，那些遥远的名字其实并不陌生。维特鲁威在《建筑十书》第一章中就明确表明，哲学应该是建筑师基本修养，而苏格拉底、柏拉图、芝诺、伊壁鸠鲁等希腊哲人的名字在书中也不时出现；在中世纪末期，知名建筑的塑像常常被雕刻成神学博士的装束；阿尔伯蒂——文艺复兴的建筑理论旗手——更是典型的人文主义知识分子；而最常被同学们模仿的密斯，如果不了解尼采的思想，就很难理解他不断重复的"意志"、"技术"、"自我肯定"等概念的意义，也就难以把握密斯作品的崇高性，而这才是密斯建筑的深刻所在，而非所谓的"少即是多"等名言警句。

这些例子说明，人文知识，尤其是哲学与思想史，与建筑有着极为漫长的相互纠缠的历史，而今天两者的分离不是历史惯例，而是一个短暂的反常现象。是尊重历史经验还是刻意地特立独行，同学们有选择的自由，但至少这应该是一个充分考虑衡量过的选择。

我非常清楚，建筑系同学的课业负担是较为沉重的，跨学科的课程也相当多，同学可以根据自己的喜好选择相应领域的课程。而老师则需要"王婆卖瓜"一样向大家推介自己的课程，吸引更多的同学去选修。这也是本文的目的，它意在引诱大家能有意识地补充人文学科方面的知识，让那些陌生的名字不再陌生，遥远的理念不再遥远。为什么这个事情如此重要呢？这个问题过于庞大，不是这篇短文所能回答的。上文只提出了一个理由，一个数千年的历史传统，即使不愿意臣服于它，也应该给予适当的尊重。

实际上，建筑的教育很大部分不是在学院中完成的，与甲方的沟通、施工图的能力、现场情况的调整等等，都需要在设计院或设计公司中去学习积累，学院在这些领域并不具备优势。那么学院教育的定位应该在哪里呢（图 1 ~ 图 3）？这里有必要学习一下孔乙己对字词的认真态度，"学院"（academy）一词的希腊起源是 Akademia，意为 Akademos（特洛伊战争中一个希腊人的名字）的树林，正是在 Akademia，柏拉图每天与他的弟子们探讨着一个又一个的哲学问题，这也许揭示了学院教育的真正内核所在，这是一个适合探讨这些问题的地方。在图书馆里，柏拉图、奥古斯丁、笛卡儿、康德、维德根斯坦等热衷于这件事情的人已经将他们毕生的心血无偿贡献给大家去了解。"所谓大学者，非谓有大楼之谓也，有大师之谓也。"梅贻琦校长的这句话中，大师并不一定是某某名教授，而更应该理解为那些隐藏在文字后的沉思者。学院或许不能提供最好的物质条件，但是学院为大家提供了随时与这些最伟大的思想进行跨越时间对话的条件与氛围，这或许才是你无法在设计院或者设计公司中所学到的。

另一个值得深思的例子也与这个问题有关。以大礼堂为核心的老校区学习的是杰弗逊所设计的弗吉尼亚大学的建筑与规划，两者的"万神庙"前均有一片大草坪。杰弗逊的意图是让这片草坪成为弗吉尼亚大学的城市广场（Agora），他希望师生们像苏格拉底与他的朋友们一样在广场上碰面、交谈、探讨各种问题。这是希腊哲学的摇篮，也是大学精神的摇篮。

图1 "包豪斯"学园（当代建筑设计理论作业，韩靖北，清华大学建筑学院 2010 级）

图2 House X（当代建筑设计理论作业，郑晓佳，清华大学建筑学院 2009 级）

图3 Postmodernist supermarket discount（当代建筑设计理论作业，李金泰，清华大学建筑学院 2009 级）

令人尴尬的是，杰弗逊的大草坪也被搬到了我们校园中，所不同的是，从 1997 年开始，所有的"苏格拉底"们被禁止进入"城市广场"，因为这会踩伤小草。这个令人啼笑皆非的现象与评图中的笑声之间，或许有着耐人寻味的联系。

孔子说："三人行，必有我师焉。"这种学习的态度固然珍贵，但是选择与谁同行也同样不容忽视。建筑系的同学面对的困难似乎是有太多的方向需要摸索，有太多的人需要跟随，那本文的最终意图是一个善意的提醒，与苏格拉底同行，或许是值得考虑的。但是要注意，不要踩伤小草。

作者：青锋，清华大学建筑学院建筑历史与文物建筑保护研究所讲师

研究／交流／拓展

——同济大学建筑与城市规划学院校庆 108 周年活动综述

2015 年初夏，同济大学建筑与城市规划学院举办了一系列校庆专题学术活动，包括十六场学术研讨会和报告会、两场围绕学术传承的纪念和庆祝活动、三场文化创意教学活动，一个"国际建造节"。活动集中展示了学院的学术面貌，并邀请海内外知名学术机构师生共同参加，可谓群贤毕至，少长咸集。就其规模和密度来说，在学院历史上是空前的。

1）十六场学术研讨会和报告会。第一，规模大，共有 77 个主题报告和 172 个专题报告发言，参加的校内外师生达到 4200 多人次；第二，内外互动协作，来自哈佛、剑桥、MIT、佐治亚理工、马德里理工等 30 多所海外大学的学者共 50 多人次，国内传统建筑类知名院校，北京大学、南京大学、华东师大等院校，以及中规院、现代集团等众多设计研究单位代表分别作学术报告，约 180 人次；第三，组织方式多样，有学会协会主办，有国际合作伙伴共同主办，有学院和系来组织，也有学科团队教授发起并组织；第四，报告人从两院院士到博士生，呈正态分布，充分关注学术前沿问题（表1）。

十六场学术研讨会和报告会（按时间顺序排列）　　　　表 1

序号	活动名称与主旨	举办时间／地点	主办单位／合作单位	主题报告人／专题报告人／参加人次
1	同济大学建筑与城市规划学院景观学系 2015 年校庆报告会	5 月 15～16 日／学院 A 楼 215 教室	主办：同济大学建筑与城市规划学院景观学系	主题报告：刘滨谊、金云峰；专题报告：刘颂、刘悦来、陈静、周宏俊、陈筝、刘立立、戴代新、李瑞冬、张琳、沈洁、匡纬、董楠楠、韩锋、严国泰、吴承照、张德顺、王云才、周向频、骆天庆、陈蔚镇、王敏、胡玎、汪洁琼、翟宇佳、罗婧等 25 人；参加人次：200 余人次
2	2015 同济大学博士生"博思"论坛——"新常态"语境下的城市可持续发展	5 月 15 日／学院 D 楼第 1 报告厅	主办：同济大学研究生院和研工部；承办：建筑与城市规划学院研工办、经济与管理学院研工办	专题报告：陈晨、程遥、金政、曾铖等 4 人；参加人次：100 余人次
3	新常态，新应对——第四届金经昌中国青年规划师创新论坛	5 月 16 日／学院 B 楼钟庭报告厅、学院 D 楼第 1、2、3 报告厅	主办：中国城市规划学会、同济大学、金经昌城市规划教育基金；承办：同济大学建筑与城市规划学院、上海同济规划设计研究院；协办：同济大学高密度区域智能城镇化协同创新中心、《城市规划学刊》编辑部等	主题报告：王凯、唐子来、沈振江、赵城琦等 4 人；专题报告：王新哲、唐鹏、朱江、罗兵保、朱新捷、陆韬、匡晓明、毛炜丰、王歆、于红、奚慧、吴怨、王世福、徐辰、林强、黄勇、赵卿、李林、龙瀛、汤舸、朱玮、黄玮、张赫、顾玄渊等 24 人；参加人次：500 余人次
4	新常态下的城乡遗产保护与城乡规划学术座谈会	5 月 17 日／学院 A 楼 3 楼亚太地区世界遗产培训与研究中心	主办：《城市规划学刊》编辑部，联合国教科文组织亚太地区世界遗产培训与研究中心（上海）等	专题发言：伍江、郭旃、王军、张松、董卫、阳建强、俞斯佳、王林、杜晓帆、章仁彪、常青、韩锋、卢永毅、彭震伟、童明、王伟强、杨贵庆、周俭等 18 人；参加人次：80 余人次
5	同济大学城市规划系校庆学术报告会	5 月 18 日／学院 D 楼第 1 报告厅	主办：同济大学建筑与城市规划学院城市规划系	点评嘉宾：陈秉钊／专题报告人潘海啸、王德、钮心毅、王兰、田宝江、朱玮、杨贵庆等 7 人；参加人次：100 余人次
6	50/60 同济建筑系教师作品报告会	5 月 22 日／学院 B 楼钟庭报告厅	主办：同济大学建筑与城市规划学院建筑系	专题报告：常青、蔡永洁、董春方、黄一如、李振宇、钱锋、王伯伟、王骏阳、魏崴、庄宇等 10 人；参加人次：300 余人次
7	校庆学术报告会女教师专场：女性视野下的城市与生活——直面老龄化	5 月 22 日／同济大学校图书馆闻学堂	主办：同济大学建筑与城市规划学院女教师联谊会	专题报告：朱伟珏、于一凡、黄怡、陈静、戴颂华等 5 人；参加人次：100 余人次
8	挑战与机遇——探索网络时代的建筑历史教学之路暨"2015 中外建筑史教学研讨会汇展"	5 月 22～24 日／学院 B 楼钟庭报告厅、学院 D 楼第 1、2 报告厅	主办：全国高等学校建筑学专业指导委员会；承办：同济大学建筑与城市规划学院	主旨发言：卢永毅、周琦、常青、张兴国、冯仕达、赖德霖、贾珺、柳肃、杨豪中、丁垚、王其亨、朱光亚、吴庆州、王贵祥、刘松茯等 15 人；专题讲座：傅朝卿、王鲁民、王骏阳、OECHSLIN Werner、阮昕、梅晨曦等 6 人；31 个分会场发言及讨论；参加人次：900 余人次
9	数字景观交流研讨会：智慧公园管理与技术前沿	5 月 27 日／学院 D 楼第 2 报告厅、C 楼第 1 会议室	主办：高密度人居环境生态与节能教育部重点实验室数字景观分实验室，同济大学建筑与城市规划学院景观学系	专题报告：高萍、钱杰、贾虎、陈能、吴宾、韩锋、吴承照、Sebastian Schulz、刘颂、董楠楠等 10 人；参加人次：100 余人次
10	当代中国体育建筑的实践与展望研讨会	5 月 29 日／学院 B 楼钟庭报告厅	主办：中国体育科学学会、中国建筑学会体育建筑分会、上海市建筑学会；承办：同济大学建筑与城规学院；协办：同济大学建筑设计研究院	主题演讲：魏敦山、马国馨、董石麟、郭卓明、杨嘉丽、丁洁民、孙一民、钱锋、刘德明、陈晓民等 10 人；参加人次：200 余人次

序号	活动名称与主旨	举办时间／地点	主办单位／合作单位	主题报告人／专题报告人／参加人次
11	第一届中国现代建筑历史与理论论坛：构想我们的现代性——20世纪中国建筑历史研究的诸视角	5月30日-6月1日／学院B楼钟庭报告厅，同济大学逸夫楼会议室	主办：同济大学建筑与城市规划学院，上海现代建筑设计集团；承办：《时代建筑》杂志社	主题发言：伍江、邹德侬、Hilde Heynen、Mary McLeod、Arindam Dutta等5人；受邀发言：卢永毅、顾大庆、徐明松、肖毅强、冯江、朱剑飞、彭怒、王凯、王颖、李海清、钱锋、周鸣浩、杨宇振、祝晓峰等15人；参加人次：200余人次
12	[UED大师讲堂]妹岛和世：环境与建筑	5月30日／学院B楼钟庭报告厅	主办：上海市建筑学会建筑创作学术部，同济大学建筑与城市规划学院，CBC中心，《城市·环境·设计》杂志社	演讲人：妹岛和世；参加人次：600余人次
13	城市科学国际研讨会：未来城市的创新建筑、基建及服务体系	6月4~5日／学院B楼钟庭报告厅	主办：同济大学、马德里理工大学；承办：同济大学中西学院，同济大学建筑与城市规划学院；协办：联合国环境规划署SCES大会，IESD学院	主旨发言：伍江、吴志强、赵宝静、Javier UCEDA教授、I aki ABALOS等5人；专题发言：Rachel NOLAN、Paulian BEATO、Ivo CRE先生、Ajit JAOKAR、Sotiris VARDOULAKIS、Jose Manuel PAEZ、Jose Maria EZQUIAGA、Perry YANG、Youngsun KWON、谭洪卫、张轮、李麟学、尹学锋、Jesus Andres DEL RIO、Irene TRUJILLO等40余人；参加人次：300余人次
14	第一届上海国际城市设计论坛（图1），2015生态城市设计国际研讨会暨《ECO-CITY 2.0崇明生态岛城市设计》中美联合教学成果展	6月5~7日／学院A楼106报告厅，学院D楼第3报告厅	主办：同济大学建筑与城市规划学院，美国佐治亚理工学院建筑学院，中美生态城市设计实验室；协办：联合国环境署－同济大学环境及可持续学院拜耳教席，《城市规划学刊》，《国际城市规划》，《时代建筑》，《现代智慧城市》	主题发言：伍江、Alan Balfour、John Crittenden、吴志强等4人；主题报告：Ellen Dunham-Jones、唐子来、Catherine Ross、田莉、Ben Schwegler、杨沛儒、Scbhro Guhathakurta、Alain Chiaradia、刘泓志、Peter Kindel、梁鹤诚、朱子瑜、丁沃沃、俞斯佳、庄宇、朱雪梅、李保峰、匡晓明、陈泳、陆一等20人；圆桌论坛报告人：杨沛儒、王一、戚淑芳、王信等4人；参加人次：300余人次
15	"制度，土地利用与城乡发展"国际学术研讨会	6月6日／学院A楼三楼亚太地区世界遗产培训与研究中心	主办：同济大学建筑与城市规划学院	主题报告：Derek Nicholls、Guy Robinson、Rachelle Alterman、George C.S Lin、朱介鸣、龙花楼、袁奇峰、罗小龙、田莉等9人；参加人次：100余人次
16	美丽乡村——2015乡村规划教育主题研讨会	6月7日／学院B楼钟庭报告厅	主办：中国城市规划学会乡村规划与建设学术委员会，同济大学建筑与城市规划学院；承办：上海同济城市规划设计研究院	特邀报告：贺雪峰、周俭等2人；专题报告：袁奇峰、冯长春、彭震伟、朱建江、段德罡、叶红等6人；参加人次：200余人次

2）两场学院传承学术活动、三场文化创意教学活动。学院的学术传统是"同舟共济，博采众长"。老一辈学者奠定了敏锐、多元、求新、宽容的学术风格，开辟了研究的方向。校友是学院的财富，他们的经验对青年学生来说非常重要。而学生课程作业与艺术展示的结合，则大大激发了学生的热情。

5月20日，举办了冯纪忠先生诞辰100周年系列纪念活动（图2），包括冯纪忠先生生平影像展、冯纪忠先生塑像揭幕仪式、冯纪忠研究系列丛书首发式和冯纪忠先生纪念座谈会。王伯伟教授的报告探讨冯先生珍爱的中国古典诗文在他的建筑创作中起到的作用；刘滨谊教授的报告回顾了冯纪忠先生对风景园林规划设计原理、风景园林分析评价和风景园林现代方法技术这三个方面为风景园林学科奠定的基础和传承效应。曹嘉明、王明贤、赵冰等多位专家学者参加相关活动并作主题发言。

5月28日下午，值董鉴泓教授九十华诞之际，学院举行了《董鉴泓文集》新书发布会（图3）。董先生为我院规划学科的布局谋篇和发展做出了重要贡献。活动当天，董先生在钟庭报告厅讲述了"同济生活七十年"。

董先生的弟子阮仪三、李晓江等前来参加活动，与会来宾达百余人。

5月9日下午，在苏州古城平江路20号举行了"阮仪三城市遗产保护平江路活动基地"启动仪式，这是与苏州高校、地方政府和文化部门合作建设的基地，旨在宣传、保护、传承城市文化遗产，让更多的人了解和参与苏州古城遗产保护，该基地也成为学生的实习研究基地。

5月18日，在学院钟庭举办校友系列报告会，以及"设计与创新"——校友报告会暨创业导师受聘仪式。徐维平、陈国亮、李晖、余志峰主讲了《职业生涯大讲堂——设计与创新》，黄向明、傅国华、郑士寿主讲了《现代住宅类型学——设计与创新》；七位校友同时被聘为同济大学职业生涯教育特聘导师。

5月23日晚，"流光魅影（Let's be your light）"2013级建筑学专业本科生光影构成作品评审展示在建筑与城市规划学院钟庭举行（图4）。在郝洛西等教授指导下，学生把《建筑光学》课程作业展变成了技术和艺术相结合的表演，将"光"幻化成音乐剧中灵魂舞者，呈现了一场独特的视听盛宴，吸引了近千名师生观摩。

3）一个国际建造节。"2015同济大学国际建造节暨2015'风语筑'纸板建筑设计与建造竞赛"于2015年6月6~7日在学院广场举行（图5～图8）。本届竞赛由全国高等学校建筑学专业指导委员会作为指导单位，由风语筑展览有限公司进行赞助。参加本届建造节的师生总人数约500人（学生450人，指导教师50人），主要由一年级学生组队参加。

应邀参加建造节的15支国内参赛队分别来自北京建筑大学、重庆大学、大连理工大学、哈尔滨工业大学、华南理工大学、合肥工业大学、湖南大学、昆明理工大学、清华大学、上海大学、上海交通大学、天津大学、西安建筑科技大学、浙江大学、中央美术学院。8支国外参赛队来自：包豪斯魏玛大学、釜山大学、都柏林大学学院、佐治亚理工学院、夏威夷大学、麦吉尔大学、凡尔赛建筑学院、威斯敏斯特大学。同济大学有建筑与城市规划学院的33支队伍，以及土木工程学院、设计创意学院、艺术与传媒学院各1支队伍参赛。

评委团联席主席由清华大学徐卫国教授和同济大学蔡永洁教授担任；评委团终评组由东南大学张彤等9位教授或建筑师组成。

当晚评出一等奖 3 名、二等奖 6 名、三等奖 12 名、入围奖 12 名。作为上海 2015 城市公共空间艺术季活动的组成部分，获奖项目还将在 2015 年 9 月底开幕的艺术季主展览中呈现。本次建造节是同济大学成功举办的第 9 届建造节，是第一次邀请国外院校派队参加的建造节。另外，在建造节期间还举办了由 24 所院校参加的国际院校基础教学成果展和基础教学圆桌研讨会。6 月 6 日的竣工仪式后，还举行了建造节特别活动——"循声筑梦"学院清唱团专场音乐会演出。

总结

2015 年初夏，学院呈现出令人欣喜的"学术井喷"现象，或许我们可以用一句话来概括其意义，即"交流中搭建研究平台，活动中提高教学水平"。这个平台，不仅是同济的，也是中国的，还是世界的。建校 108 周年之际，学院力求营造开放、多元、好客和富有活力的学术环境，展现"锐意创新，开拓进取"的精神风貌，努力成为国内外同行师生近悦远来的"Archi-Port"。

（撰稿人：李振宇，李翔宁，陈燕）

图 1　第一届上海国际城市设计论坛

图 2　冯纪忠先生百年诞辰系列纪念活动顺利举办

图 3　董鉴泓教授九十华诞庆祝仪式及新书首发式

图 4　"流光魅影"光影构成作品展示活动举行

图 5　国际建造节盛况（摄影：银杰）

图 6　学生建造作品 1（摄影：银杰）

图 7　学生建造作品 2（摄影：银杰）

图 8　学生建造作品 3（摄影：银杰）

2015 清华设计学术周"新常态·新设计"在清华大学举办

2015 年 5 月 19 ~ 22 日，清华大学建筑设计研究院有限公司主办的"2015 清华设计学术周"，以"新常态·新设计"为主题，邀请业界精英共同探讨新常态时期的新设计，讨论建筑设计者们应该怎样面对"新常态"下的新局面，如何"适应新常态，保持战略上的平常心"。

本次学术周汇集清华大学建筑设计研究院、清华大学建筑学院和美术学院、中国建筑设计院有限公司、北京市建筑设计研究院等产、学、研机构的多方资源，内容包括主旨论坛"新常态·新设计——回归常态经济的适宜设计"，建筑、结构、暖通、水、电等五个专业的 9 场学术活动，宣传片及《2015 清华建筑设计研究院作品集》发布，"工程设计图纸展系列——阙里宾舍施工图展及清华大学图书馆施工图展"两组主题展览，话剧《建筑大师》两场演出，并于 5 月 22 日举行了"2015 中国人居环境设计学年奖"启动仪式。

5 月 19 日，主旨论坛上分别举行了"2015 清华设计学术周"开幕式、清华大学建筑设计研究院宣传片首播式及 2015 版作品集首发式。中国科学院、中国工程院院士吴良镛教授，中国工程院院士关肇邺教授，中国工程院院士李道增教授亲临现场，中国建筑学会副理事长兼秘书长周畅、清控人居建设（集团）有限公司董事长童利斌致辞。中国建筑设计院有限公司董事长文兵，北京市建筑设计研究院有限公司董事长、总建筑师朱小地，清华大学建筑设计研究院院长、清华大学建筑学院院长庄惟敏教授，清华大学建筑学院教授、阿卡汗建筑奖获得者李晓东，朱锫建筑设计事务所创始人朱锫，围绕"新常态·新设计"主题分别进行了演讲，文兵、朱锫、庄惟敏以及旭辉集团北京地区事业部总经理孔鹏还进行了圆桌研讨。

清华控股有限公司，清控人居建设集团有限公司，清华大学建筑学院、土木水利学院，国环清华环境设计院，北京清华同衡规划设计研究院有限公司，北京清尚建筑装饰工程有限公司，中国第一历史档案馆，天津大学建筑设计院，山东农业大学，青海大学，人大附中，北京交通大学，中央民族大学，山东省淄博规划院，新华家园养老企业管理（北京）有限公司，中国水电集团地产开发公司，金隅嘉业房地产开发有限公司，万达集团设计中心，广发银行北京分行，北京国际商务中心区开发建设有限公司等单位领导及与会听众共计 500 多人参加了此次论坛。

围绕"新常态·新设计"主题，"2015 清华设计学术周"给出了新常态下设计行业可持续发展的方向，如中国建筑学会副理事长兼秘书长周畅在致辞中所说，"接下来可能会重新回归到为人服务、为生活服务、为新型城镇化建设的发展服务这个层面。这就需要我们的建筑师、工程师更加务实，有更正确的、更具有人文关怀的、更清晰的设计价值的取向"。

过去未来共斟酌

——记第一季"东南建筑学人论坛"

2015 年 5 月 30 ~ 31 日，第一季"东南建筑学人论坛"在东南大学建筑学院成功举办，建筑学人齐聚母校，与建筑学院师生一起，讨论东南建筑的传统，交流对当下建筑传承与创新的思考。为建筑学院院庆 90 周年做思想上与信息上的准备（图 1）。

本次活动源于《世界建筑》杂志 2015 年第 5 期"东南建筑学人"专辑的编辑出版。它聚焦于 1977 年后在东南大学接受建筑教育、目前工作在建筑设计及相关学术领域的建筑学人，他们延续着中国现代建筑教育最长的历史传统：从原中央大学至前南京工学院再至现在的东南大学时期。此次入选专辑的共有 65 位东南学人（含组合），用东南大学陈薇教授的话说："东南学人，是东南学子经过东南学派的教育和熏陶成长起来的代表，主要是当代的建筑师和学者，有所建树，也不乏有些正在启程。"

本次论坛最主要的环节之一是 5 月 31 日上午举行的"主题报告会"。陈薇、张永和、顾大庆、王骏阳、赵辰、阮昕、黄居正等七位东南学人作了主题报告，回顾了他们在母校度过的时光，带来了关于传统与现代的思考。学人们谈及东南建筑给他们或者是东南学子们带来的影响，可以归结于："融合，批判性，传承创新"（陈薇语），"开心的坚守"（张永和语），"自律，自信，自尊，自重，低调进取"（赵辰语），等等。鲍家声先生的现场即兴发言，在校学生的互动提问也都为报告会更加增添了融洽轻松的气氛。31 日下午展开的三组交流研讨，将论坛的气氛推向高潮。分组时，组委会有意识地将不同年龄段的学人分为一组，让他们与建筑学院的师生们一起，从不同的视野、经历、背景发出声音，引发争议与思考。

作为本次论坛活动主要附属活动之一——"建筑设计作业展（1977-2015）"——于 5 月 30 日下午在前工院一楼展厅拉开帷幕。本次作业展的作者，从 77 级的张永和等前辈开始，一直延续到现在正在就读的本科生。几十件作品，记录着东南学人 38 年的悠悠岁月。学人们看到自己当年的留系作业，均感慨万千（图 2）。30 日下午，还分别举行了"建筑设计教学研讨会"和"历史与理论教学研讨会"（图 3）。在历史与理论教学研讨会会场，赵辰、王骏阳、黄居正、阮昕、饶小军、范思正、夏铸久、童明、黄印武等学人代表和建筑历史与理论研究所的教师、学生代表齐聚一堂，分别对 7 位学生代表所作的汇报做出了精彩点评，并以此抛砖引玉，探讨了关于历史与理论研究的选题、研究方法、课程教学等方面的内容，对历史与理论学科教学体系和学科建设提出了中肯建议，共同为建筑历史与理论的学科发展出谋划策。

回顾东南建筑教学的发展过程，不难发现，它经历了从 1927 年以来的基石奠定，1952 年后的传统渐成，到 20 世纪 80 年代的理性发轫，再到 2000 年后多元开放的阶段。东南建筑自成立以来，一直在本科建筑教学上不断求索。本次论坛邀请各位学人与学院教师共同探讨东南建筑教学的未来方向。参加论坛的各位学人自己根据亲历的不同阶段的"东南教学"及工作经历，分别对东南的建筑教学提出了自己的理解和建议。

两天的论坛圆满的结束了，但关于"东南建筑的传统"的讨论才刚刚开始。恩承荫庇，我们充满感激；承前启后，我们任重道远。

图 1　东南建筑学人论坛开幕式

图 2　建筑设计作业展（1977—2015）

图 3　建筑设计教学研讨会

首届"壹江肆城"建筑院校青年学者论坛（2015）在重庆大学建筑城规学院成功举办

2015年5月30日，首届"壹江肆城"建筑院校青年学者论坛在重庆大学建筑城规学院隆重召开，该院副院长李和平教授致辞。

"壹江肆城"建筑院校青年学者论坛是基于长江流域建筑院校间的交流合作与联动发展需求，为增加长江流域各建筑院校青年学者间的学术交流、促进学科融合而举办的一次学术聚会。论坛由重庆大学建筑城规学院发起，由同济大学建筑与城市规划学院、东南大学建筑学院、华中科技大学建筑与城市规划学院、重庆大学建筑城规学院等四所高校共同主办，中

国建筑设计研究院－上海中森建筑与工程设计顾问有限公司协办。按院校所处位置，该论坛依长江流向每年顺次由四所院校中的一所来轮流承办，今年为论坛第一届。

本次论坛以"流域：新地域视角下的城市与建筑"为总主题。栾峰、王桢栋、董楠楠、石邢、邓浩、李海清、易鑫、谭刚毅、周钰、贾艳飞、王通、褚冬竹、魏皓严、毛华松、谢辉、忽然等来自四所院校的教师与上海中森建筑与工程设计顾问有限公司的建筑师等16位嘉宾分别作了精彩纷呈的学术报告。论

坛由重庆大学建筑城规学院青年学术委员会主任褚冬竹教授主持，徐苗、杨震、宗德新、赖文波等重庆大学4位青年学者担任各研讨版块的主持人。

论坛进一步拉近了各建筑院校青年学者间的距离，促进了更深入、更广泛的交流和对话，为长江流域各建筑院校青年学者提供了一个充分深入探讨流域视角下城市发展问题的平台。未来论坛将邀请更多高校的青年学者参与研讨，共同为长江流域的城市与建筑问题建言献策。

合影

论坛活动现场

承办院校交接仪式

"北科建杯"全国大学生建筑与环艺专业设计微电影大赛启动

为提升全国高等院校建筑与环境设计专业的教学质量和水平，加快培育优秀设计人才，不断推动教育事业的进步与发展，2015年5月23日，由中国建筑工业出版社主办，北京瑞坤置业有限责任公司协办的"北科建杯"全国大学生建筑与环艺专业设计微电影大赛在北京市昌平区沙河镇的"丽春湖"项目地块正式启动。

启动仪式当天，70多名专家学者及高校

师生实地观察了项目地块的周边环境。参加此次启动仪式的嘉宾有：中国建筑工业出版社沈元勤社长、胡永旭副总编辑，以及艺术设计图书中心李东禧主任、唐旭副主任，数字出版中心魏枫主任、国旭文、汪智副主任；北京瑞坤置业有限责任公司张臻汉总经理、程蕾熹副总经理；中央美术学院建筑学院吕品晶院长、王小红教授；北京市建筑设计研究院有限公司郑琪副总经理；北方工业大学

建筑与艺术学院贾东院长，杨鑫和王新征教授；北京建筑大学建筑学院范霄鹏教授；北京工业大学建筑与规划学院院长助理赵之枫教授；清华大学美术学院刘东雷教授；北京服装学院环艺系李瑞君教授；同方知网数字出版技术股份有限公司张宏伟副总经理等。

"北科建杯"全国大学生建筑与环艺专业设计微电影大赛，主题在于关注生活、自然及人与自然的关系。本次大赛以实际案例

来考察学生们的创作能力，以北京科技园建设（集团）股份有限公司的"丽春湖"项目地块周边的绿地规划改造作为设计的主体，分为建筑与景观规划设计两部分，包括公园微建筑设计，如社区微中心、公园画廊、咖啡茶室等的设计；公园景观设计，如市民广场、花园、景观小品等的设计。同时本次竞赛响应数字出版的号召，并结合当下数字媒体艺术设计的发展趋势，大赛最终呈现的作品不仅是设计图纸上的愿景，更是希望借助数字信息技术，结合人们在公园中的生活场景想象，将其制作成微电影视频，使场景体验与设计融为一体。

本次大赛本着"以赛促教、以赛促学"的原则，发掘优秀的设计创意及设计人才，优秀的参赛作品也将被采纳用于项目的实际建设中，真正做到教学与实践的结合。

本次大奖赛的参赛者要求为全国全日制在校大学生（含研究生）。查询大赛的详细信息请随时关注官方网站：http://mfilm.cabp.com.cn。

图1　启动仪式现场

图2　中国建筑工业出版社社长沈元勤参加启动仪式并讲话

图3　参与启动仪式的师生代表

一场艺术与技术的美丽邂逅

——"2015北京国际媒体建筑峰会暨特展"在中央美术学院举办

4月15日，中央美术学院美术馆报告厅内座无虚席，由中央美术学院、国际媒体建筑学会（MAI）、国家半导体照明工程研发及产业联盟（CSA）主办，北京视觉艺术高精尖创新中心、中央美术学院建筑学院和美术馆承办的"2015北京国际媒体建筑峰会暨特展"正式启动。中央美术学院院长范迪安和清华大学教授秦佑国任活动总顾问，中央美术学院建筑学院副院长常志刚任活动主席兼策展人，国际媒体建筑学会主席M.Hank Haeusler任会议联合主席，国际媒体建筑学会副主席Martin Tomitsch任联合策展人。

本次峰会以"媒体建筑塑造智慧生活"为主题，是国际媒体建筑领域在中国大陆首次举办的高规格活动，也是北京市6个"高精尖创新中心"的第一个大型国际学术活动。会议邀请了国内外顶尖设计师、学者共十余位嘉宾分别做主题演讲，他们带来了媒体建筑领域最新的成果、动态和理念，代表着当下国际媒体建筑的最高水平。会议日程紧凑，信息丰富，超过400人参会。同期开幕的媒体建筑特展，全面展示了国际媒体建筑领域的优秀项目以及建筑学院媒体建筑实验工作室的产、学、研成果。

会议主席兼策展人、建筑学院副院长常志刚主持了开幕式，并发表了题为《媒体建筑行动计划》的演讲。学院副院长苏新平出席活动并致辞，他希望此次活动，能推动建立跨领域、跨专业的学术交流平台与组织机制，探索艺术与科技的协同创新模式。北京建筑设计研究院有限公司副总经理郑祺、国际媒体建筑学会主席M.Hank Haeusler和副主席Martin Tomitsch分别致辞。会议宣布国际媒体建筑的首个亚洲分会——中国媒体建筑学会（Media Architecture Institute China-MAIC）——正式成立，常志刚教授任首任主席。

4月16日，中国媒体建筑学会的首次会议在CAFA美术馆贵宾厅召开，国内外27位代表受邀参加。会议认为，媒体建筑学科要与国内外顶尖艺术设计机构及互联网、半导体等高科技研究机构合作，整合国内外"学、研、产"资源。同时，要站在艺术与文化的高度，借助北京当代城市发展的巨大动力，以媒体城市的理念活化北京传统文化。

（来源：景观中国）

图1　媒体建筑峰会现场

图2　策展人常志刚教授做报告

2015 *China Architectural Education*
TSINGRUN Award
Students' Paper Competition

中国建筑教育

清 润 奖

大学生论文竞赛

主　办：《中国建筑教育》编辑部
　　　　北京清润国际建筑设计研究有限公司
　　　　全国高等学校建筑学专业指导委员会
　　　　中国建筑工业出版社

承　办：《中国建筑教育》编辑部
　　　　深圳大学建筑与城市规划学院

题目：题目根据提示要求自行拟定。

1.建筑学与绿色建筑发展再次相遇的机会、挑战与前景　　　＜硕、博学生可选＞

无论是上古时期的穴居野处，还是西方原始棚屋，中外建筑的起源都有相似之处——用最原始的方式和材料建成人类最早的居所，这也是人类居住的原型。20世纪后半叶以来，建筑学的发展又重拾对建筑的基本属性的敬意，注重材料的自然属性，注重可持续发展，注重低碳、节能、环保等问题。

1990年世界第一部绿色建筑标准——英国的BREEAM——面世以来，美国的LEED标准随后风行全球；2015年，我国修订了《绿色建筑评价标准》。25年来，围绕绿色建筑的设计已形成规模化的发展趋势。绿色建筑的物质构成体系给建筑面貌带来怎样的改变，进而如何影响建筑设计的方法以及对建筑设计的评价？这是建筑发展的一次新的机遇，还是一次颠覆以往"建筑学"正史发展的挑战？这一趋势会走向怎样的未来，又将如何影响和创造人们的未来生活？你对这一发展趋势与前景有怎样的评价？

请选取以上若干视角中的一个或多个侧重点，深入解析，立言立论。

2.建筑/规划设计作品或现象评析　　　＜本、硕学生可选＞

你可以通过一定的具体研究或调查，针对某一与绿色、低碳、节能或可持续发展有关的建筑/规划设计作品或现象进行分析与论证，阐述你的研究结果与想法。

你可以选择与绿色、低碳、节能或可持续发展有关的建筑事件/特征/现象去分析，推衍及梳理其内在特质，并以当代视野再次评价其建筑学价值。

你可以分析绿色建筑如何开创了新的建筑语言，如何结合了材料和结构完美表达，或如何在风格、材料、形式等建筑基本问题上作出新的突破，并敏锐地捕捉绿色建筑对于未来建筑学发展的新的思维与语汇。

你也可以回顾对以往的绿色建筑设计作业、建筑设计竞赛以及实际参与建筑设计或建造的经历进行总结，阐述你对某一（自己或他人的）绿色建筑设计作品的理解与思考。

以上思路任选其一。

3.绿色建筑的未来与发展思考　　　＜本科学生可选＞

未来的绿色建筑会是什么样？
绿色建筑的出现有无必然性？
它能否给我们带来新的生活方式和社会福祉，目前存在哪些问题？
绿色建筑能否实现建筑学的升华？
我们该如何看待建筑绿色化？它应由谁来主导（建筑师？设备工程师？）？
……
可畅谈你对未来绿色建筑趋势的设想，进而展开你对绿色建筑发展本质的理解。

评审委员会主任：
仲德崑　沈元勤　王建国　王莉慧

本届轮值评审委员（以姓氏笔画为序）：
马树新　王建国　王莉慧　仲德崑　庄惟敏　刘克成　孙一民
李　东　李振宇　张　颀　赵万民　梅洪元　韩冬青

评审委员会秘书：屠苏南　陈海娇

奖　励：一等奖　　2名（本科组1名、硕博组1名）　奖励证书 + 壹万元人民币整
　　　　二等奖　　6名（本科组3名、硕博组3名）　奖励证书 + 伍仟元人民币整
　　　　三等奖　　10名（本科组5名、硕博组5名）　奖励证书 + 叁仟元人民币整
　　　　优秀奖　　若干名　　　　　　　　　　　　奖励证书
　　　　组织奖　　3名（奖励组织工作突出的院校）　奖励证书

征稿方式：
1.学院选送：由各建筑院系组织在校本科、硕士、博士生参加竞赛，有博士点的院校需推选论文8份及以上，其他学校需推选4份及以上，于规定时间内提交至主办方，由主办方组织评选。
2.学生自由投稿。

论文要求：
1.参选论文要求未以任何形式发表或者出版过；
2.参选论文字数以5000～10000字左右为宜，本科生取下限，研究生取上限，可以适当增减，最长不宜超过12000字。

提交内容：
1."论文正文"一份（word格式），需含完整文字与图片排版，详细论文格式见附录2；
2."图片"文件夹一份，单独提取出每张图片的清晰原图（jpg格式）；
3."作者信息"一份（txt格式），内容包括：论文名称、所在年级、学生姓名、指导教师、学校及院系全名；
4."在校证明"一份（jpg格式），为证明作者在校身份的学生证件复印件，或院系盖章证明。

提交方式：
在《中国建筑教育》官网评审系统上注册后提交（http://archedu.cabp.com.cn/ch/index.aspx）；并同时发送相应电子文件至信箱：2822667140@qq.com（邮件主题和附件名均为：参加论文竞赛-学院校系名-年级-学生姓名-论文题目-联系电话）。评审系统提交文件与电子邮件发送内容需保持一致。具体提交步骤请详见【竞赛章程】附录1。

联系方式：
010－58933415　陈海娇；010－58933828　柳涛。

截止日期：
2015年9月20日（纸面材料以邮戳时间为准；电子版本以电子邮件送达时间为准，以收到编辑部邮件回复确认为提交成功；为防止评审系统压力，提醒参赛者错开截止日期提交）。

其　他：
1.具体的竞赛【评选章程】、论文格式要求及相关事宜：
请通过《中国建筑教育》官网评审系统下载（http://archedu.cabp.com.cn/ch/index.aspx）；
请通过"专指委"的官方网页下载（http://www.abbs.com.cn/nsbae/）；
关注《中国建筑教育》微信平台查看（微信订阅号：《中国建筑教育》）。

（扫描二维码，查看竞赛相关事宜）